发现科学
百科全书

植物

Discovery Science Encyclopedia

美国世界图书公司 编

张哲 译

Plants

上海辞书出版社

目 录

矮牵牛

Petunia

矮牵牛是一种园林花卉，花单生，呈漏斗状，是花园中最受欢迎的植物之一。矮牵牛的直径可达 10 厘米或更大。它品种繁多。花色有粉色、玫瑰色、白色、蓝色或混合色。按照花型，还分单瓣或重瓣。

这种植物在阳光充足的地方生长旺盛，夏天和初秋开花。大多数矮牵牛的茎和叶上都有细小的绒毛。使用扦插或播种繁殖。原产于南美洲。

延伸阅读：花。

矮牵牛

桉树

Eucalyptus

桉树是一种原产于澳大利亚的乔木，分布在世界上许多气候温暖的地区，桉属大约有几百种。

桉树长得很快，可以长成大乔木。叶子为狭长革质。花通常富含花蜜。桉树可以用作木材，常被用于造船、铁路枕木、电线杆和栅栏。桉树皮含有单宁，一种用来制造墨水、染料、皮革和药物的物质。桉树叶子含有一种有价值的桉树油，可以用来清洁和掩盖难闻的气味。桉树油挥发的味道使桉树躲过大多数草食动物的啃食。考拉是少数能吃桉树叶子的动物。

在澳大利亚，人们种植红柳桉树作为木材使用。美国最常见的桉树是蓝桉。在加利福尼亚州，人们在柑橘和柠檬树周围种植桉树，以保护它们免受风的侵袭。

延伸阅读：花蜜；乔木；木材。

考拉是为数不多的吃桉树叶的动物之一。桉树叶子里含有一种大多数动物都不吃的精油。

B

白蜡树（梣）

Ash

白蜡树是一种生长在北美、欧洲和亚洲的树。白蜡树属里有许多种。在美国，白梣和红梣在东部和东南部生长，黑梣在东北部生长。

羽状复叶，对生，小叶 5 ～ 11 枚。圆锥花序和翅果顶生或腋生枝梢。

白蜡木坚固耐用。它被用来制作棒球棒和工具手柄，也被用来制作家具、船桨和滑雪板。此外，由于长得挺拔高大，白蜡树也是良好的庇荫树种。

危害白蜡树的主要害虫是白蜡窄吉丁。白蜡窄吉丁以幼虫在树木的韧皮部、形成层和木质部浅层蛀食为害，因其隐蔽性强，北美数千万棵树已深受其害。

白蜡树

百合

Lily

百合是一种花朵通常集中于茎端开放的有花植物。它的花朵呈喇叭形，有六个花瓣。百合属有很多种，世界上大部分地区都有种植。有一种麝香百合，花朵呈纯白色，人们通常将它与基督的复活联系起来。

百合是从鳞茎中长出来的。秋末或早春，人们将百合的鳞茎种到 15 厘米或更深的土壤里。它们在不太湿的、富含有机质的沙质土壤中生长最好，还需要一定的保护措施，以免受强风摧残和烈日的暴晒。

有一些英文名称里有"lily"的植物其实并不是真正的百合。比如，睡莲（water lily）与真正的百合没有密切的关系。

延伸阅读： 花；睡莲。

费城百合具有亮橙红色的花瓣与紫色的斑点。世界上有成千上万种百合。

百日菊

Zinnia

百日菊是著名的观赏植物。它原产于美国西南部、中美洲和南美洲，目前在世界很多地方都有种植，品种很多。

有些百日菊只有10厘米高，有些可能长到超过90厘米高。颜色各异，可以是白色、粉红色、红色、橙色、黄色、绿色或五颜六色的。百日菊由种子繁殖，通常在早春、霜冻后种植，仲夏到夏末开花。

延伸阅读：花。

墨西哥百日菊　　　窄叶百日菊

百日菊

柏树

Cypress

柏树是常绿植物，是优良的园林绿化树种。寿命极长，可以存活几千年，生长在亚洲、欧洲和北美洲的温暖气候中。柏树有小的、鳞片状的叶子，喜欢潮湿环境。雌雄同株或异株，球花单生枝顶。球果近卵形，被看似盾牌形的木质鳞片覆盖。柏树木材呈淡褐色，有一股强烈的雪松般的气味。

柏树种类也很多。蒙特雷柏是以其原产地加利福尼亚的蒙特雷半岛命名的，树干的直径很少超过50厘米。这种树的树枝又长又重，并以不同寻常的形状伸展生长。它们经常长在海边，因此树枝也被强烈的海风扭曲成奇异的形状。

延伸阅读：针叶树；常绿植物；乔木。

柏树

孢子

Spore

蕨类植物叶片与孢子

孢子是一种可以长成生物新个体的特殊结构。所有植物，以及一些细菌和真菌，都能产生孢子。苔藓和其他不产生种子的植物依靠孢子来产生后代，同时以这种形式从一个地方传播到另一个地方。

大多数孢子都非常小，只有借助显微镜才能看到。它们通常只有一个细胞，而一些真菌能产生复杂的、多细胞的孢子。所有孢子都含有细胞质和养分。

马勃正在喷射孢子。孢子是植物和一些细菌、真菌借以繁殖后代的微小细胞。

一些孢子具有厚厚的壁。这有助于孢子承受恶劣天气、化学品和其他可能会杀死它们的外部环境。

游动孢子具有可以游泳的尾巴。其他类型的孢子从一个地方移动到另一个地方则需要借助于气流。

延伸阅读： 细胞；真菌；苔藓；繁殖。

保护

Conservation

保护是指对自然资源的保育和谨慎利用。自然资源为人类提供生存、发展和享受的物质与空间。阳光、水、土壤和矿物都是自然资源。植物、动物和其他生物也是自然资源。地球自然资源有限，但世界人口在不断增加。因此，资源随时面临使用过度的危险。此外，随着生活的改善，人们拥有了更多的物质追求，伴随而来的是更多地球资源的消耗。自然资源保护主义者努力保护环境，使其能够继续满足人类的需求。如果不加以保护，地球上的大部分资源将被浪费、破坏或毁灭掉。

学生志愿者在学校植树。资源保护需要每个人的努力。

自然资源保护者们通常把资源分为四种。有些资源永远不会用完。例如，总是会有充足的阳光。有一些资源可更新。

等高耕作是一种坡面上耕作的作业技术。农民们在山谷和丘陵地貌上起垄，而非直接平整土地。利用犁过的土壤在斜坡边起垄，这些沟垄有助于减缓雨水流动，保持水土。

例如，一片玉米田收获后，很快就能重新播种生长。还有一些资源在使用后不能被替代，称为"不可再生资源"。例如，世界上只有这么多的石油，它用完后就不能被替换了。一些资源可以回收利用。例如，汽水罐中的铝可以用来制造新的汽水罐。循环利用有助于保护自然资源。

环境保护很重要，因为它涉及到如何有效地利用自然资源。在地球人口不断增长的背景下，如果没有环境保护，人类对资源的需求将无法被满足。保护也包括拯救受到威胁的野生动物。众所周知，植物和动物对维持健康的自然环境至关重要，人们以各种方式依赖这样的生存环境。例如，人们呼吸的大部分氧气是由森林里的植物制造的，大自然也提供了美丽的生存环境。不管自然对人类是否有用，许多人相信它本身是有价值的。

资源回收利用是一项重要的环保活动。垃圾中转站的工人从生活垃圾中挑拣塑料和其他可回收物，然后通过工厂处理对这些回收物进行再利用。

环境保护的方式有很多，每一种目前都面临着不同的挑战，当然，人们也会想出各种办法应对。

水土保持对植物健康生长很重要。当风或水将表面土壤带走时，土地变得贫瘠，就会发生侵蚀。年复一年种植同样的作物对土壤也不好，浇水过多则会使土壤里的盐分堆积起来，导致植物生长不佳。

节约用水可以维持淡水的供应。人们需要水来饮用、烹饪和洗涤；工厂和农场也需要水；许多野生动物依靠淡水生存。但是世界上仍然有些地区缺水；同时，在许多地区，人们又在大量浪费水资源。一些地区还存在水污染问题，水中含有有害物质。

森林保护确保树木健康生长，同时在森林被砍伐的区域植树还林。森林是许多植物、动物和其他生物的家园。树木可以有效防止水土流失，还有助于防止土壤侵蚀。

固定区域的火烧可以清除森林地面上的植物材料，排除引起火灾的隐患。

照片中，绵羊过度放牧的土地与精心管理的牧场形成了鲜明的对比。适当管理放牧地有助于保护牧场这一重要的自然资源。

在草原上放牧，牧场的保护同样重要。牛和其他动物以牧草为食。如果动物数量过多则植物容易死亡，造成土壤侵蚀。

野生动物保护是指保护野生动植物和它们的栖息地。人们破坏了许多自然区域，将土地用于开发农场、住宅和工厂。野生动物保护工作致力于保护自然栖息地。环境污染导致野生动物死亡，因此，环保主义者试图找出各类污染源，以减少对自然的破坏。

节约能源致力于减少能源的浪费。现代文明依赖于燃料运输、热能和电能，但是很多燃料被浪费了，总有一天天然气和石油等燃料会用完。此外这些燃料也造成很多污染，所以人们正在努力开发新型燃料。这些燃料中很多是以植物为基础的绿色能源，造成的污染较少，而且在使用后可以再生。

在史前时代，地球上的人要少得多。人少，所用的地球资源也少。即便如此，在某些地区，人们还是猎杀了太多的动物。一些科学家认为，猛犸象等巨型动物的灭绝，部分是由于狩猎造成的。当人们开始饲养动物时，更多问题随之而来。在许多地区，人们在牧草场过度放牧，导致植物死亡。然后土壤被侵蚀，土地变成了沙漠。

早期人们也进行保护。中东地区的一些农民在山坡上挖梯田。梯田可以防止土壤流失。早在 2000 多年前，希腊人就学会了用轮作来保持土壤肥沃。后来罗马人发明了水利灌溉。

在 18 世纪和 19 世纪，欧洲和美国的工业迅速发展。工厂的烟雾、烟尘和来自家庭的垃圾造成严重污染，世界人口的数量也在增加。随着人们迁入新的土地，森林和野生动物遭到破坏。

在美国，不断增长的人口造成了许多问题。人们砍伐大片森林，破坏草原上的植物，取而代之种植农作物。畜牧使土地受损，土壤被侵蚀。人们还困住并杀死了许多野生动物。在 19 世纪末期，人们开始看到自己造成的恶果。于是，为了保护野生动物和自然资源，世界上第一个国家公园——黄石公园于 1872 年建成。

如今，在全世界内，保护至关重要。自然资源保护主义者试图拯救野生地区，使其免受农业、建筑和工业的破坏。他们试图重新种植树木、草和其他植物。一些国家开展国际项目合作，他们达成协议以减少水和空气的污染，并通过法律保护濒危野生生物。

延伸阅读： 自然平衡；生态学；濒危物种；环境；灭绝；农场和耕作；栖息地；灌溉；土壤。

图为新墨西哥州博斯克德尔阿帕奇野生动物保护区的鹤。野生动物保护需要留出栖息地使动物不受打扰。

抱子甘蓝

Brussels sprouts

抱子甘蓝是一种味道与卷心菜类似的蔬菜，与卷心菜和花椰菜属于"同门兄弟"。这种植物长出一根主茎，芽沿着叶根的茎生长。最早的芽是在靠近地面的地方形成的。生长末期，其他的腋芽则会出现在茎的上方。每一颗腋芽看起来都像一小棵卷心菜。

农民们通过折断或扭断茎来收集腋芽。一年可以从一株植物上收获好几次。抱子甘蓝在凉爽的环境下生长得最好。

抱子甘蓝是维生素 A、B 和 C 的良好来源。它和卷心菜具有同样的营养价值。

延伸阅读： 卷心菜；花椰菜；蔬菜。

抱子甘蓝

爆米花

Popcorn

爆米花是一种很受欢迎的零食，尤其是在美国。爆米花玉米粒有坚硬的外壳，包裹着柔软、湿润的淀粉内核。当玉米粒被加热时，其水分会迅速变热成为蒸汽。蒸汽在内部产生压力直到外壳爆裂，引起一个微型的爆炸，同时将内核翻转，而柔软的中心膨胀并充满空气。此刻，玉米粒扩增至原始大小的 30 ～ 40 倍。

爆米花玉米可能原产于中美洲，是最古老的玉米之一。美洲印第安人在 1400—1500 年，欧洲探险家到达美洲之前，就已经种植了爆米花玉米 1000 多年。印第安人除了食用爆米花玉米外，还在装饰和宗教仪式上使用它们。

世界上大多数的爆米花玉米都是在美国种植的。食用时通常配以黄油和食盐。

延伸阅读： 玉米。

爆米花玉米是一种可以被加热直到爆裂的玉米品种。爆米花是一种受欢迎的休闲食品，尤其是在美国。

被子植物

Angiosperm

被子植物也称有花植物，是目前地球上最常见的植物种类。世界上有成千上万种被子植物。在草地和沙漠中生长的大多数植物都是被子植物，包括各种草本植物和仙人掌。所有的阔叶树和农作物也属于被子植物。被子植物最早出现在 1.3 亿年前。

被子植物用花来繁殖。这些花的器官分为雌性和雄性部分。雄性部分产生微小的花粉粒，昆虫或风把花粉带到另一朵花的雌蕊上受精后产生种子。然后雌性的部分发育成果实，种子则可以长成一株新的植物。

延伸阅读： 花；果实；花粉；种子。

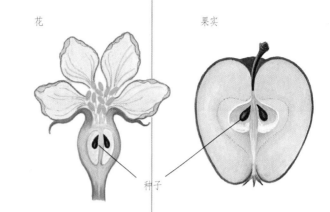

花　　　　　　果实

种子

被子植物的花和果实含有植物的种子。这是苹果树的花和果实。苹果树一年开花结实一次。

鞭毛

Flagellum

鞭毛是长在某些细菌菌体上细长而弯曲的具有运动功能的蛋白质附属丝状物。许多原生动物都有鞭毛，叫作"鞭毛虫"。鞭毛虫可以有一个或多个鞭毛，鞭毛快速摆动，使其在液体中移动。

在植物中，雄性细胞精子通过鞭毛移动，到达雌性细胞卵子。

延伸阅读： 藻类；细胞；裸藻。

扁桃仁

Almond

扁桃仁是一种美味的坚果。它是扁桃的种子，也是一种十分受欢迎的食物。烘烤和盐渍是它最常见的食用方法，有时糖果和糕点中也会添加。

扁桃仁长在薄壳里，外壳看起来有点像桃核。当果实成熟时，它绿色的坚硬木质外壳会裂开，显露出包在粗糙外壳中的核仁。

扁桃树可以长到12米高。叶片圆卵形或宽卵形，卷曲状，花浅粉红色。花期在早春3—4月，先开花后长叶。

扁桃树原产于亚洲西南部。它广泛生长在地中海地区，在美国加利福尼亚也长得很好。

延伸阅读：坚果。

扁桃树的种子长在薄壳里，壳上覆盖着坚韧的果肉。这些种子就是我们平日里所吃的美味的坚果。

表土

Topsoil

表土是地面最上层的土壤。通常深约10～25厘米。大多数植物都需要良好的表土才能存活并茁壮成长。

表土含有腐殖质，这是一种深褐色的物质，来自腐烂的动植物有机残留物质。腐殖质能改善土壤，增加肥力，有助于植物生长。

表土有时会被风或水带走，这个表土损失的过程称为侵蚀。某些农业作业会增加侵蚀。例如，植物根系将表土固定住，有助于防止侵蚀的发生。如果在农场的某个区域内过度放牧则会吃光植物，这就加速了侵蚀。遭受过多侵蚀的地区可能不再适合农业生产。防止表土侵蚀的措施称为水土保持。

延伸阅读：保护；腐烂；腐殖质；土壤。

表土是土壤最上层的部分，它富含营养，可以维持植物生长。在表土和基岩之间有很多其他土壤层。

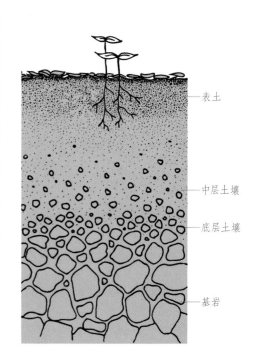

表土

中层土壤

底层土壤

基岩

濒危物种

Endangered species

濒危物种是那些濒临消失和灭绝的生物。成千上万的植物物种濒临灭绝。事实上，科学家认为每五种植物中就有一种受到威胁。

濒临灭绝的植物包括匍匐车轴草、圣克鲁斯柏、楔叶刺芹和许多仙人掌类植物。夏威夷群岛上的许多植物濒临灭绝。例如，许多原产于夏威夷的植物已经濒临灭绝，包括州花夏威夷木槿。热带雨林中的许多植物遭遇了同样的命运。东南亚的大花草属植物拥有所有植物中最大的花，直径能长到 90 厘米。由于生活的森林正在遭到破坏，大花草属植物已经濒临灭绝。

夏威夷的州花夏威夷木槿在野外已经成为濒危植物。许多原产于夏威夷群岛的植物正受到栖息地丧失的威胁。

如果一个物种被预测在 20 年内灭绝，则科学家们称这个物种为濒危物种，除非它得到特别保护。一个物种的消失叫作"灭绝"，这是自然界的正常现象。气候的变化或与其他植物的竞争可能导致植物灭绝。然而，灭绝通常比较罕见，大多数物种并没有濒临灭绝。如今，濒危物种的数量要高得多，更多的物种也在走向灭绝。这种濒危和灭绝物种的增加是由人类造成的，有以下几个主要原因。

栖息地的破坏是野生物种面临的最严重的问题。栖息地是植物生长的地方，大多数植物只能在固定的栖息地生存。如果它们的栖息地被破坏，这些物种就无法生存。

人们以许多方式破坏了植物的栖息地，比如，砍伐森林以建造房屋或进行农作开垦；人们在草原上放牧，过度放牧后，草没有机会再长出来；湿地和沼泽正在被重塑，人们在上面建造新的住房。

热带雨林的植物种类比地球上任何其他地区都多，但是雨林被破坏的速度比其他任何野生栖息地也都要快，雨林的破坏也导致无数的动物灭绝。热带雨林被破坏的速度之快，超过了科学家识别新物种的速度。因此，物种有可能在被统计和命名之前就消失了。

非法收集野生动植物的盗采行为是另一个问题。有人在野外偷盗野生花卉或其他稀有植物，有些是药用植物，有些则因为其具有观赏价值。例如，有人从野外非法盗采了许多濒危的兰花。

外来物种的竞争或破坏又是另一个问题,尤其是在许多岛屿上。人们把老鼠和猪等动物引进了一些地区,这些动物可能吃种子或以其他方式伤害本地植物。人们还引种许多外来植物。例如,葛藤是一种生长迅速的亚洲藤本植物,人们引种到美国南部喂食牲畜,结果这种植物很快生长得失去控制,蔓延到全国各地。一旦在茂密的林子里落地生根,它就开始排挤本土植物,威胁到了一些稀有的野生植物。

动物的灭绝会威胁到那些依靠动物繁殖或传播种子的植物。许多有花植物依靠昆虫或其他动物将花粉从一朵花传到另一朵花,从而完成受精过程。如果一种动物濒临灭绝,依赖它生存的植物也会灭绝。许多植物依靠动物传播种子。例如,许多有花植物的种子都在果实中,动物吃完果实后把种子排泄出来,这有助于植物在新的地方生根发芽。这类动物的减少也可能导致植物濒临灭绝。

巨魔芋是一种罕见的东南亚植物。由于人们破坏了它生长的森林,它已经濒临灭绝。

保护濒危物种有很多理由。许多人相信所有的生物都有生存的权利。同时,每一个物种都是自然美景和奇迹的一部分。保护这份美丽可使人们的生活多姿多彩。

植物在其他方面也很有价值。植物几乎是我们所有食物的来源,它们也产生我们呼吸需要的氧气。有些植物是很好的建筑材料,有些则是药用植物。科学家们担心有价值的药用植物正在减少,因为热带雨林中有些植物在被研究之前就已经消失了。

科学家们在种子库中储存了大量的种子。今后,如果这些植物濒危灭绝,储存的种子可在野外被重新种植。

近年来，人们做了很多事情来帮助保护濒危物种，但这些努力可能不足以拯救这些植物。许多国家已经通过了保护濒危物种的法律。美国颁布了《濒危物种法》以保护濒临灭绝的野生动物，使其免受任何伤害。此外，许多野生物种受到《濒危野生动植物物种国际贸易公约》的保护。该协议禁止人们买卖濒危生物。

一些法律保护植物不被偷盗。例如，在许多国家，从栖息地盗走受保护的野花是违法的。植物园是很好的保护机构，种植了许多稀有植物。许多植物的种子被储存在特殊的种子库中。如果这些植物在野外灭绝，保存的种子可以在未来某一天被种植。

延伸阅读： 保护；森林砍伐；灭绝；栖息地；入侵物种；雨林；种子；物种。

病虫害防治

Pest control

病虫害防治是指减少或消灭病虫害的方法。在农业上，病虫害可能是杂草、引起植物疾病的生物和损害作物的昆虫。

大多数农民用农药来控制病虫害。农药按其防治的病虫害分类，主要的四种类型是：(1) 用于防治有害植物的除草剂；(2) 用于防治真菌的杀菌剂；(3) 用于防治鼠类害虫的灭鼠剂；(4) 用于防治害虫的杀虫剂。病虫害可能对杀虫剂产生抗药性，因此随着时间的推移需要加大用量。

所有杀虫剂使用起来都必须非常小心。如果使用不当，它们可能会污染环境或影响食物供应，也会危害人和动物的健康。

农民还使用其他不含杀虫剂的病虫害防治方法。例如，一些农民通过释放害虫天敌来对抗害虫。

许多专家支持一种综合病虫害管理方法，即可以将杀虫剂的合理使用与自然控制方法相结合。

延伸阅读： 农场和耕作；除草剂；杂草。

病毒

Virus

病毒是一种攻击生物细胞的微小生命体。一般情况下，病毒只能用电子显微镜才能看到，它的形状像棒、针或球。病毒在植物（包括农作物）中引起许多疾病。例如，病毒引起花叶病。发病初期，病叶呈浅绿与常绿相间，状态严重时叶片变形、黄化。花叶病影响包括豆类、蓝莓、马铃薯和大豆在内的很多作物。

病毒本身不能进行生命活动。然而，在生物体内，一旦进入宿主细胞，病毒会繁殖并占领细胞。它利用细胞内的物质生存并复制自身，按照它自己的核酸所包含的遗传信息产生和它一样的新一代病毒。它们通过杀死或破坏细胞而引起疾病。许多病毒，包括花叶病毒，是通过昆虫传播到植物上的。当昆虫吃植物时，它们携带的病毒就进入了植物细胞。

延伸阅读： 细胞；生命。

花叶病毒攻击多种植物，破坏叶片。

菠菜

Spinach

菠菜是一种低矮的植物，叶子宽阔，呈深绿色。叶片生熟皆可食用。菠菜来自亚洲西南部，波斯人把它用作药物。早在1500年英国人就开始种植了，美国则始于殖民时期。

菠菜在春天播种，大约三个月后即可采收。菠菜耐寒，但不耐热，喜欢肥沃的沙土环境。

菠菜富含维生素C、维生素E和纤维，对身体有益。菠菜与甜菜、莙荙菜和藜有亲缘关系。

延伸阅读： 甜菜；蔬菜。

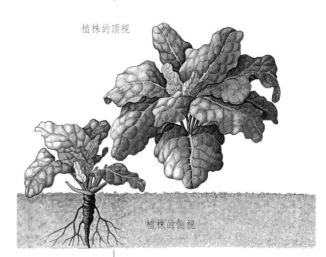

植株的顶视

植株的侧视

菠菜是一种深绿色叶菜，生长于近地面。

菠萝

Pineapple

菠萝是一种以其甜美的果实和果汁而闻名的植物。菠萝的英文名(pineapple)可能因为其果实的外形类似大的松果(pine cone)而得名。成熟菠萝果实的外皮有深绿色、橙色或黄绿色的。一丛刺状的叶子簇生在果实的顶端。它的果肉坚硬，呈淡黄色或白色。大多数菠萝不结种子。

菠萝的植株有60～90厘米高。蓝绿色的剑形叶生长在茎秆的周围。菠萝在全世界的温暖地区都有种植，菲律宾和泰国是最大的菠萝生产国。

延伸阅读： 果实。

菠萝聚花果有一层厚实、坚硬的外皮，里面则是多汁美味的可食用部位。

博物学家

Naturalist

博物学家是研究自然的人。在乡间，他们可能徒步去看鸟或者野花。在城市里，他们可能会造访动物园、博物馆或公园。一些组织开设有自然学习课程，如美国国家奥杜邦协会、男童子军和女童子军。

许多博物学家都会有笔记本。在笔记本里，他们写下在大自然中观察到了什么。他们也会绘画或拍摄动物、植物的照片。一些博物学家会收集生物，特别是植物，但博物学家对于稀有或濒危植物的收集则保持谨慎态度。搜集这类植物会对当地的环境造成伤害，而且这种行为在许多地区都是非法的。博物学家也收集诸如岩石、贝壳或树叶之类的东西。

博物学家经常对他们在大自然中观察到的事物做详细的记录、绘图或拍照。

许多博物学家为科学做出了重要贡献。林奈识别了许多种植物并研究它们的生长，他创建了科学分类的现代体系。达尔文研究世界各地的植物和动物并提出了进化论，这个理论描述了生物如何通过许多代的积累而发生变化。

延伸阅读： 达尔文；林奈。

薄荷

Mint

薄荷是一种以其宜人香气而闻名的植物。相类似的芳香植物包括薰衣草、迷迭香、鼠尾草和辣薄荷。世界上有成千上万种芳香植物。在地中海附近尤为常见。

薄荷的叶子中含有精油。植物的香气就由这些精油产生。当叶子被搓碎时，精油便会释放出来。

大多数薄荷属植物有白色、浅蓝色或粉红色的花朵。花很小。大多产生小而圆的果实。

薄荷的叶片和精油都可用于调味。叶子新鲜或干燥使用均可。有一类芳香植物，如迷迭香和鼠尾草，用于烹饪。另一些种类，如辣薄荷，用于给糖果或其他甜食添加刺激、凉爽的口感。薄荷也用在牙科产品、药物和香水中。

延伸阅读： 薰衣草；迷迭香；鼠尾草属植物。

薄荷

捕虫堇

Butterwort

捕虫堇是一种捕捉昆虫作为食物的植物。生长在草地上和被称为"沼泽"的潮湿地区。这些地方的土壤通常很贫瘠，捕虫堇不能从这样的土壤中得到它所需要的营养物质，于是靠捕捉昆虫增加营养。

捕虫堇叶片扁扁的，有黏性。当昆虫在上面行走时，就会被粘住。大多数品种的叶片边缘向上卷起，这种凹形结构有助于防止猎物逃脱，捕虫堇将猎物慢慢溶解吸收。这种以动物为食的植物称为"食虫植物"。

捕虫堇生长在美国和加拿大的一些地方，亚洲和欧洲也有分布。大多数捕虫堇的茎又长又细，开紫色花。

延伸阅读： 食虫植物。

捕虫堇捕捉昆虫为食。

捕蝇草

Venus's-flytrap

捕蝇草是一种利用机关捕食昆虫的植物。分布于北卡罗来纳州和南卡罗来纳州的海岸边。捕蝇草生长在柔软、潮湿的沼泽地区。这些地方的土壤缺乏一种称为氮的物质，但植物的生存和生长都需要氮。捕蝇草通过消化（吸收）昆虫来获得氮。像大多数其他植物一样，它利用太阳能制造自己所需的能量。

捕蝇草高约30厘米，开白色小花。叶片就像一个钢制的陷阱，上面有触毛，能感受到细微的触动。

当昆虫接触到其中一根触毛，叶子就会紧紧关闭，昆虫就被困在里面。叶子中的特殊液体可以帮助消化昆虫的柔软部分。当一片叶子捕捉了几个昆虫后，它就干枯并死亡。

延伸阅读： 泥沼；食虫植物。

一只苍蝇停留在捕蝇草的叶子上，两片叶子即将闭合并捉住它。

菜籽油

Canola oil

菜籽油是一种植物油,它来自油菜籽。菜籽油用于烹饪和食品加工,它是淡黄色的,几乎没有味道。

油菜籽的含油量约为45%,人们用机器对种子进行压榨,然后把种子浸泡于提取液中。这种液体把剩下的油吸出来,剩下的残渣叫作菜籽粕,用于饲喂动物。植物育种家在1974年首次将油菜籽予以开发利用,它是欧洲油菜的品种。但是菜籽油中几乎不含在欧洲油菜籽油中发现的某种脂肪酸,这种物质被认为会导致心脏病。

延伸阅读: 欧洲油菜;种子。

菜籽油来自油菜的种子。

草地早熟禾

Bluegrass

草地早熟禾(禾本科)是一类长得很厚的草。由于这个原因,人们把它种在高尔夫球场和草坪上。农民们还种植草地早熟禾来喂养马、羊和牛。草地早熟禾有很多种,在天气凉爽的地区生长得最好。

草地早熟禾因为它的某些品种呈蓝绿色而得名(Bluegrass)。但是健康的草地早熟禾通常看起来是绿色的。它的叶片平展或折叠,顶端形状像船头。

最有名的草地早熟禾也许是肯塔基草地早熟禾。肯塔基州被称为"草地早熟禾之州",因为那里有很多牧马的草场,早期的欧洲移民把肯塔基草地早熟禾带到了北美洲。

延伸阅读: 禾草。

肯塔基州是"草地早熟禾之州",这里有许多可以牧马的草地早熟禾牧场。

草莓

Strawberry

　　草莓是一种甜美多汁的水果。成熟时，草莓呈红色，外皮上有许多细小的黄色瘦果。草莓含有丰富的维生素C，经常被新鲜食用，也可以制成罐头或冷冻，还被制成果酱、果冻和其他食品。

　　草莓不是真正的浆果，因为它的种子样的瘦果长在外面。真正的浆果，如蓝莓，种子长在果实的里面。

　　草莓属于蔷薇科，有长而细的茎，称为走茎。这些茎在地面上蔓延，在茎上开出小白花。

　　草莓在凉爽潮湿的地方生长最好。美国主要种植草莓的地区有加利福尼亚州、佛罗里达州、密歇根州、俄勒冈州和华盛顿州。

延伸阅读： 浆果；果实。

草莓开白色的小花，结心形的红色果实。美味的果实可以新鲜食用或制成果酱、果冻等食品。

草药

Herbal medicine

　　草药是用来改善健康状况的植物或植物制品。人们售卖数以百计，各种形式的草药，常以干燥的形式出售，没有包装。另外一些则被制成粉末、胶囊、片剂或液体出售。有时草药会与其他成分相结合。流行的草药包括松果菊、银杏和人参。用松果菊花序制成的药剂被认为可以缓解感冒症状。银杏和人参

草药通常被制作成液状，以胶囊或小瓶的形式出售。

则可以改善记忆力和注意力。一种叫贯叶连翘的草药有助于缓解轻度的抑郁症。烹饪中使用的一些香料也可药用，例如，大蒜可以降低患心脏病的风险。

很多人认为草药相比于其他药物更加温和安全。然而，许多科学家质疑大多数草药是否有效。

在美国，药品由食品和药品监督局（FDA）进行监督，但草药不必符合FDA关于安全性、有效性和质量的规定。虽然草药是天然的，但它们还是有可能引起副作用，也可能影响您正在服用的药物的疗效。因此，服用草药前咨询医生就显得很重要。

延伸阅读： 香草类植物。

一些草药在使用前需要用研钵和研杵进行加工。

草原

Grassland

草原是主要生长草本植物的大片开阔区域。在世界许多地区，大多数草原都被用来种植庄稼。有些草原有低矮的草和干燥的土壤，这些区域称为干草原。这样的草原包括美国和加拿大的大平原，南非的草原，哈萨克斯坦北部和俄罗斯南部的平原。其他草原有较高的草和肥沃的土壤，这些地区称为大草原。大草原比干草原降雨更多。有些大草原也有山丘和丛生的树木，还有河流和溪流流经。大草原在美国中西部，阿根廷东部，以及欧洲和亚洲的部分地区比较常见。

延伸阅读： 禾草；大草原；稀树草原；干草原。

绵羊在中国内蒙古的草原上吃草。

非洲的草原和稀树草原生活着多种多样的动物，包括牛羚、瞪羚和黑斑羚。

大草原覆盖着高大的草本植物。世界上几乎没有天然的大草原分布，因为大部分大草原已经被改造成了农场或牧场。

茶

Tea

茶是世界上最受欢迎的饮料之一。人们用开水冲泡茶叶以沏茶。

茶树是一种生长在温暖地区的常青植物。最好的茶来自海拔1200~2100米的区域。植物在该高度的凉爽空气中生长缓慢，缓慢的生长有助于它风味的形成。茶树开小而白、香气扑鼻的花朵。每朵花结出具有1~3粒看起来像榛子的种子。

茶主要有三种：红茶、绿茶和乌龙茶。茶树的叶子经过不同的工艺来制作出不同种类的茶。

红茶在空气中被干燥、搓揉，然后进行发酵，最后在烘箱中烘干。在这个处理过程中，叶子的颜色从绿色变为红棕色至棕黑色。

绿茶的叶子被蒸熟，以使它们保持绿色。随后将它们在机器中搓揉，然后在烤箱中烘干。

乌龙茶是通过叶子的半发酵制成的，茶叶的颜色呈绿褐色。

数千年前，中国人最先开始喝茶。如今，种植茶叶最多的国家是中国、印度、肯尼亚、斯里兰卡和土耳其。不同国家种植的茶叶具有不同的风味。

茶场的工人正在采摘茶叶，这些茶叶被装在篮子里。

延伸阅读： 农作物；叶。

长春花

Periwinkle

长春花属植物是一种小型常绿灌木，以其浓烈的蓝色花朵而闻名。它有好几个品种。生长在温暖地区。人们还在花园里和花盆里种植这种植物。

长春花可以长到 0.3 ~ 0.6 米高。它们有光亮的深绿色叶子，长 2.5 ~ 5 厘米。

长春花整个夏天都在开花，花色从白色、粉色到紫色不等。而常见的长春花开着漂亮的蓝色花朵。人们有时用这种植物来形容一种特殊的浅蓝色。

粉色长春花

延伸阅读： 常绿植物；花；灌木。

常春藤

Ivy

常春藤是一种沿着地面、树木、墙壁生长的藤蔓。有些人种植常春藤用于观赏。

常春藤类细分的种类有很多。洋常春藤分布于北美洲和欧洲。它的叶片呈蜡质，在一年中大部分时间里都保持着深绿色。

五叶地锦或地锦，看起来像绿色的地毯。它们生长在美国东部、亚洲和欧洲的许多建筑物的阴面。到了秋天，绿叶变红后脱落。

毒漆藤的叶片上覆着一层油膜。这层油膜会使人发痒或使皮肤起水泡。早春的嫩叶呈红色，晚春直到夏季结束都是绿色，到了秋天则变成红色或橙色。

延伸阅读： 毒漆藤；藤蔓。

五叶地锦是一种通常在墙上攀援生长的藤蔓。

常绿植物

Evergreen

常绿植物是指保持叶片四季常青的植物，不会在秋天落叶。大多数常绿植物指的是乔木，但也有一些常绿灌木。

北美最著名的常绿植物有雪松、柏树、冷杉、铁杉、松树和云杉。大多数圣诞树是冷杉或云杉。

小一点的常绿灌木包括冬青、常春藤和桃金娘。

有一些常绿植物生活在高山上或寒冷地区，包括松树和云杉，它们有针状叶片。也有一些常绿植物生长在赤道附近的热带地区，它们也被称为"阔叶常绿树"，叶片较宽。

延伸阅读： 雪松；针叶树；柏树；冷杉；铁杉；松树；云杉；乔木。

常绿植物叶片一年四季常青。常绿的蒙特利柏树常生长在海边。它的树枝被强风吹弯了。

车轴草

Clover

车轴草是一种很有价值的农作物,用来饲养家畜,为其提供蛋白质和矿物质等营养物质。也可以用作牧草,农民有时把它制成干草。同时,人们种植车轴草后耕地还田,可以给土壤增加养分,这些营养物质就是农作物很好的绿肥。

车轴草有很多种。红、白、草莓色和深红色是最常见的。不同的车轴草生长方式也不同。有些只能长一季,有些能长多季。它们的外观也不尽相同。植株高度从15~90厘米不等。三到六片叶,四叶的很罕见。车轴草的花成簇状,聚生成头状。花色为白色、黄色或红色。每个花簇的花总数在5~200之间。

车轴草最初可能生长在亚洲西南部,现已在世界各地广泛种植。

延伸阅读: 农场和耕作;农作物。

车轴草

橙子

Orange

橙子是芸香科柑橘属植物橙的果实。人们可以剥皮鲜食其果肉或榨汁,营养丰富,富含多种维生素和矿物质。其他柑橘类水果包括柠檬、酸橙和葡萄柚。

橙的叶片为深绿色,花为白色,花谢后结出果实。橙子皮呈橘色、粉红色或深红色,果皮内部是一层松软的白色囊层,在这一层下面是人们吃的橙子,瓢囊10~15个。

橙子生长在世界各地较温暖的地方。巴西是橙子种植大国。在美国,橙子主要生长在佛罗里达州和加利福尼亚州。人们种植橙子已经有4000多年的历史了,它原产亚洲的一些区域,包括印度、缅甸和中国西南部。

延伸阅读: 果实;乔木。

橙子是一种很受欢迎的柑橘类水果,可口多汁且富含大量的维生素C。在美国,橙子是年产量最大的一种水果。

虫瘿

Gall

虫瘿是植物组织不正常生长形成的瘤状物，通常表现为圆形膨胀物。虫瘿长在根、茎、叶、花和种荚上。有些虫瘿很小，而有些却非常大。

大多数虫瘿是由寄生生物（生活在植物上并以植物为食的生物）引起的。有些由病毒或细菌引起，而另一些则是由真菌、蠕虫，或某些黄蜂幼虫引起的。这些寄生生物能产生特殊的化学物质，使得植物细胞加速分裂，形成了虫瘿。有些虫瘿和它的寄生生物会对植物造成严重的伤害，而另一些虫瘿则对寄主植物有益。例如，豆科植物根上由根瘤菌形成的根瘤(豆科植物中)能给植株提供生命必需的氮元素。根瘤菌能将空气中的氮转化为植物可以直接利用的含氮化合物。

延伸阅读： 真菌；寄生生物。

虫瘿是植物在昆虫或细菌、真菌的影响下形成的，通常呈圆形的、膨胀的组织。

除草剂

Herbicide

除草剂是一种用于杀死植物的化学物质，有时也被称为杂草杀手。农民使用除草剂来保护他们的作物。人们也使用除草剂去除草坪、公园和其他地方的杂草。一些除草剂仅杀死某些种类的植物。例如，它们会杀死杂草但不会伤害到草或作物。而另一些除草剂则消灭所有的植物，人们使用这种除草剂清理铁路和公路周围的杂草。除草剂可以喷洒在植物上或混入土壤中，但会破坏环境。有一些除草剂对人类和动物都有毒害。

延伸阅读： 病虫害防治；杂草。

人们在草坪上使用除草剂，以防止杂草生长。

雏菊

Daisy

许多不同种类的菊科植物都被称为雏菊，这个名字来自古英语单词day's eye。花儿晚上闭合，早晨开放，就像人的眼睛。

有些雏菊属于我们通常所说的"菊花"。这些雏菊的花心为黄色，周围是白色或黄色的花，滨菊和白雏菊就是典型代表。它可以长到1米高，花朵直径可达5厘米。滨菊生长在野外或者在北美的路边。

另一种雏菊被称为"英国雏菊"，花心黄色，周围有白色、粉色、红色或紫色的花。它们通常不超过15厘米高。

延伸阅读： 菊花；花。

雏菊

刺槐

Locust

刺槐是一种灌木或乔木，它以白色芬芳的花朵而为人所知。刺槐属植物的种类很多，它们原产于北美洲，但欧洲大部分地区也有栽培。

最常见的刺槐属植物是刺槐。它有多刺的分枝，又香又白的花朵成簇地悬挂在枝条上。刺槐结有长而有光泽的棕色豆荚，每个豆荚含着十几个外被蜡质的种子。刺槐有蓝绿色的叶片，但树皮和叶片有毒。

刺槐属植物在肥沃的土壤中生长迅速，树高有时可达约24米。它们的木材很有价值，既坚硬又耐用，通常被用于制作栅栏和矿柱。

延伸阅读： 花；灌木；乔木；有毒植物；木材。

刺槐在春天开花。

刺桐

Coral tree

刺桐是热带植物,为良好的遮荫和装饰树种。它们也被称为"珊瑚豆"。刺桐品种很多,在世界各地分布广泛。

刺桐羽状复叶具 3 小叶,为落叶大乔木。枝有明显叶痕及短圆锥形的黑色直刺,茎上也可能有刺。

大多数刺桐树上开着红色或橙色的艳丽花朵,吸引鸟类授粉。在美洲,刺桐主要靠蜂鸟授粉。

刺桐种子呈红色或黑色,有时被用来做项链和其他珠宝。然而,这些种子通常含有有毒物质,如果食用的话可能会中毒。

延伸阅读: 乔木。

刺桐

葱属植物

Onion

这类植物是一种气味和口味都很重的蔬菜,也是世界上最受欢迎的食物之一,主要用来给其他食物增加风味。葱属植物可以生吃、煮熟、晒干或腌制。

葱属植物的叶子长而中空,直立生长。地下部分的肥厚叶鞘形成鳞茎,鳞茎形态多样,从圆柱状到球状,最外面的为鳞茎外皮,质地多样,可为膜质、革质或纤维质。葱属植物球茎为红色、白色或黄色的。

延伸阅读: 鳞茎;南欧蒜;蔬菜。

葱属植物有多种形状、大小和颜色。这幅图展示了几种常见的葱属植物(品种名)。

红球

南港黄球

白球

埃比尼泽

大葱

百慕达

D

达尔文

达尔文

Darwin, Charles Robert

达尔文（1809—1882）是一位英国科学家，他以关于地球上生物演化发展方式的进化论而闻名。达尔文认为，地球上所有不同种类的植物和动物都是经过数百万年从单一的生命形式进化而来的。

达尔文认为，进化主要是通过一种叫作"自然选择"的过程进行的。根据自然选择，个体天生具有不同的特征。某些特征有助于个体生存和繁衍后代。成功的个体会把他们的特质传给后代，这样，这些优秀特质就会起到帮助作用，适者生存。随着时间的推移，性状的差异导致了新的植物和动物的发展。

达尔文在他 1859 年出版的《物种起源》一书中写下了他的想法。他的观点令当时许多人感到震惊，许多人相信每种生物都是由上帝创造的。如今，几乎所有的科学家都接受达尔文的理论，但也有些人不接受，因为这不符合他们的宗教信仰。

达尔文出生于英格兰什鲁斯伯里。从 1831—1836 年，他作为一名博物学家在贝格尔号军舰上做环球考察。

达尔文研究了船所到之处的动植物。在太平洋上的加拉帕戈斯群岛上，他注意到这里与南美洲的植物和动物有许多相似的变种。对这些变异的研究帮助达尔文形成了他的进化论观点。

延伸阅读：适应；进化论；自然选择；博物学家；物种。

达尔文乘坐贝格尔号军舰，研究世界各地的动植物。

大草原

Prairie

大草原是主要被高大牧草所覆盖的平地或丘陵地带。北美大草原从美国得克萨斯州延伸至加拿大萨斯喀彻温省。其他的还有阿根廷潘帕斯草原、南非维尔德草原和新西兰坎特伯雷草原。

匈牙利、罗马尼亚、俄罗斯和乌克兰的部分地区也被大草原所覆盖。大草原夏季炎热，冬季寒冷。大部分的降雨都集中在春末和初夏。

大草原的土壤肥厚，富含有助于植物生长的营养物质。土壤的肥沃来源于多年来植物的腐烂。这样的土壤有利于种植庄稼。结果，人们开垦了很多大草原。大草原上生长着很多种类的草，许多野花也为延绵的草原增添了色彩。香蒲属植物生长在潮湿的区域，灌木散布生长在草丛中，而一些树木则散布在大草原的河谷地带。

大草原分布在全球的多个区域（显示为绿色区域）。世界上最大的大草原位于北美洲。

各种草和野花，这样的大草原自然植被可以在加拿大萨斯喀彻温省的大草原国家公园见到。

大豆

Soybean

大豆是一种在豆荚中产生豆子的植物。大豆是一种重要的粮食作物，它们是世界上最便宜的蛋白质来源之一，能替代肉类、鸡蛋或奶酪。许多人从大豆中获取蛋白质。

大豆植株上覆盖着棕色或灰色的短毛，有紫色或白色的小花。花败后结出豆荚，里面有豆子。豆荚淡黄色或深色外表，豆子是圆形或椭圆形的，颜色丰富，比如黄色、绿色、棕色、黑色或斑点。

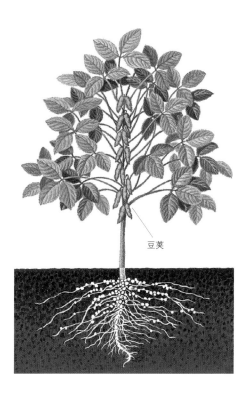

豆荚

大豆的每一个豆荚都含有两到三粒种子。大豆被制成各种各样的食物。

豆粕和豆油是最重要的豆制品。为了制作这些产品，种子被压成薄片，提取豆油后得到豆粕。许多食物含有豆粕，包括婴儿食品、谷类食品、糖果、香肠和烘焙食品。大豆油也用来制造人造黄油、蛋黄酱、色拉酱和其他食品。食品调味料、豆浆和酱油也是由大豆制成的。许多人吃由大豆制成的豆腐。一种叫作卵磷脂的黏性物质是由大豆油和水制成的，用来做冰淇淋和其他食品。工厂用大豆生产许多产品，包括胶带、蜡烛、炸药、化肥、杀虫剂、油毡、药品、油漆和肥皂。

大豆是最古老的农作物之一。这种植物最初作为一种农作物生长在大约5000年前的东亚。当今世界上大部分地区都种植大豆，主要生产国包括阿根廷、巴西、中国、印度和美国。

大豆被加工成豆油、豆粕、豆腐等食品，以及化肥和肥皂等工业品。

大花草

Rafflesia

大花草是一种开巨大花朵的植物。它没有茎叶，而是寄生在另一种灌木的茎和根上。大花草里的一种大王花具有世界上最大的花，它的花朵直径可达 90 厘米以上。

大花草有五个宽大的肉质花瓣露在外面，花的气味闻起来如同腐肉。这种气味将苍蝇和甲虫吸引过来，然后这些昆虫的身上粘满了花粉的微小颗粒。昆虫携带花粉从一朵大花草再到另一朵，这样的授粉方式帮助植物进行繁殖。

大王花开出巨大的、闻起来像腐肉的花朵。

大黄

Rhubarb

大黄的茎红色多汁，人们常把它当作食物，通常用于馅饼和调味汁中，所以大黄有时被称为"馅饼植物"。大黄能活很多年，是为数不多的多年生蔬菜。

大黄根粗壮，内部多为黄色，有大量吸收根。大黄也有可以生芽的地下茎，水分充足的茎从芽中长出来。大黄含有维生素 C，茎上可以长出较大的叶片，这些叶片不能吃，容易中毒致人生病。

大黄原产于蒙古，现在生长在世界各地。

延伸阅读： 多年生植物；根；蔬菜。

大黄

大丽花

Dahlia

　　大丽花花朵美丽，是著名的园林花卉。它品种丰富，花开有不同的形状和大小。有些是球形的，还有一些花瓣又长又平；而卷瓣大丽花的花瓣花形扭曲，还有些花瓣巨大，被称为"盘状大丽花"。

　　大丽花有巨大的棒状块根。在最后一次霜冻过后，人们于晚春时节找一个阳光充足的地方进行种植。这些花将在夏末到秋天盛开。冬天的第一次霜冻之后，块根必须被挖出来储存在阴凉干燥的地方直到来年春天。

　　大丽花原产于中美洲。如今，它们在世界各地生长。大丽花是以瑞典科学家安德斯·达尔（Anders Dahl）的名字命名的。

　　延伸阅读： 花。

大丽花

大麦

Barley

　　大麦是一种粮食作物，它属于谷物，玉米、燕麦、大米和小麦也是如此。

　　大麦用来喂养牲畜。大麦也被晒干，磨成粉末，叫作麦芽。麦芽可用来酿造啤酒、白酒、麦芽牛奶和调味品。人们也在汤和炖菜里加入大麦。

　　大麦植物看起来像小麦，种子长在长而细的茎上。人们在世界各地的温和气候中种植大麦。

　　大麦是世界上最古老的作物之一，在埃及和中东地区发现了 5000～7000 年前的大麦。

　　延伸阅读： 农作物；粮食。

大麦

大平原

Great Plains

大平原是位于北美洲的干燥草原。它从加拿大北部一直向南延伸约 4020 千米直到美国新墨西哥州和得克萨斯州。同时，从落基山脉一路向东延伸约 640 千米到加拿大萨斯喀彻温省西部；到美国南达科他州东部、内布拉斯加州、堪萨斯州和南部俄克拉荷马州。

很少有人住在大平原的西部。大平原是一个重要的农业区，这里种植了大量的小麦，也富有石油和煤炭等矿产资源。在大平原生活着各种各样的植物和动物。这里的草有纤细垂穗草、野牛草和冰草。蜥蜴、负鼠、草原犬鼠、水鼬、浣熊、响尾蛇和臭鼬等动物都生活在大平原。

美洲印第安人是第一批住在大平原上的人。在 16 世纪，西班牙人成为第一批开拓该地区的欧洲人。到了 19 世纪后期，铁路给大平原带来了许多定居者。

延伸阅读： 禾草；草原。

大平原是北美洲的一个大的干旱草原，从加拿大北部到美国新墨西哥州和得克萨斯州。

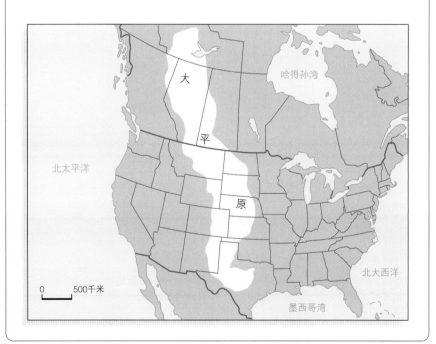

大平原地区是加拿大和美国的一个重要的农业和采矿业地区。

大蒜

Garlic

　　我们栽培大蒜是为了收获它具有特殊口味的鳞茎，通常用来给食物调味。大蒜与洋葱关系较近，洋葱也有浓郁的风味。大蒜的鳞茎由蒜瓣组成。人们吃蒜瓣。农民在秋末或初冬季节以蒜瓣的形式种植大蒜。到了夏天，每个蒜瓣就能长成一个完整的鳞茎。农民将大蒜晾干，去除茎和叶，然后运往市场出售。大蒜鳞茎可以整个出售，或干燥后研磨成粉末，也可榨汁作为调味品出售。

　　大蒜起源于亚洲中部，自古以来就是一种重要的作物。如今，世界各国都栽培这种植物。

　　延伸阅读：鳞茎；葱属植物。

大蒜

单子叶植物

Monocotyledon

　　单子叶植物是有花植物的一类。有花植物种子中有一种叫作子叶的叶状结构。单子叶植物只有一片子叶，有花植物中的另一个主要组成部分则有两个子叶，这些植物被称为"双子叶植物"。有花植物中有极少部分，既不是单子叶植物也不是双子叶植物。在单子叶植物中，种子中的子叶通常将养分吸收并储存，这些养分有助于幼苗生长。

　　禾草类、鸢尾类和棕榈类都是单子叶植物。一些单子叶植物是重要的粮食作物，包括香蕉、椰子、玉米、菠萝和稻。竹子和各种禾草是用于建筑和家具的单子叶植物。

　　延伸阅读：农作物；花；禾草；鸢尾；棕榈植物；种子。

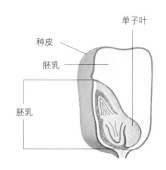

单子叶植物的种子，比如玉米种子，有一个子叶。它的养分储存组织称为"胚乳"。

世界上有成千上万种单子叶植物。它们的花通常以3为基数排列。

氮循环

Nitrogen cycle

氮循环描述了自然界中氮的循环转换过程。所有生物都需要氮来生存和生长。大气中的氮经微生物等的作用而进入土壤,为动植物所利用,最终又在微生物的参与下返回大气中,如此反复循环。

氮是空气中发现的主要化学元素,约占环绕地球大气层的78%。但是这种氮的形式是游离态的,大多数生物无法利用。对大多数生物有用的形式叫作"固定氮",而地球上固定氮的供应是有限的。因此,只要有可能,生物就会循环利用氮。

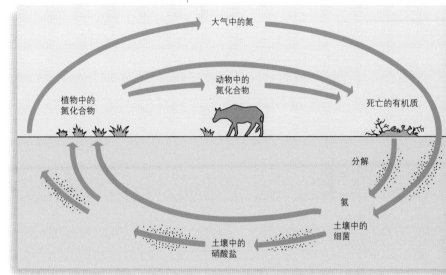

在一部分氮循环中,氮在生物和土壤之间流动。植物吸收土壤中的铵盐和硝酸盐,进而将这些无机氮同化成植物体内的蛋白质等有机氮。动物直接或间接以植物为食物,并将植物体内的有机氮同化成动物体内的有机氮,这一过程为生物体内有机氮的合成。动植物的遗体、排出物和残落物中的有机氮化合物被微生物分解后形成氨,这一过程是氨化作用。

在另一部分的氮循环中,微生物产生更多的固定氮。被称为"固氮细菌"的微生物可以将大气中的氮转化为固定氮,从而被植物加以利用。某一些固氮细菌,例如根瘤菌,寄生在豆科植物(例如豌豆或蚕豆)的根瘤中。事实上,这些细菌和植物建立了一种互利共生的关系,为植物生产氨以换取糖类。

不同的微生物把土壤中的氮释放到空气中。微生物也会将水中的氮释放到空气中。

生物体内氮和其他化学物质结合形成蛋白质。蛋白质是构成生物体的细胞的重要组成部分。一些人类活动严重影响氮循环,比如施用氮肥的农田排出的地面径流把大量的氮排入河流、湖泊和海洋,常常造成水体的富营养化现象。此外,工厂和汽车含氮气体的排放导致了空气污染。

氮约占地球大气的78%,但大多数生物不能利用空气中的氮。土壤中的细菌把大气中的氮和分解的有机物(动物和植物材料)转化成植物可以利用的形式,这些形式包括氨和硝酸盐。植物利用这些氮化合物生长,动物直接或间接以植物为食物,将植物体内的有机氮同化成动物体内的有机氮来维持生存。

稻

Rice

水稻是世界上最重要的粮食作物之一。世界上有超过一半的人把米饭作为主食。

水稻像小麦、玉米和燕麦一样，是一种草本植物。但水稻在浅水区生长得最好，喜欢温暖湿润的气候，所以水稻在许多热带地区生长良好。中国和印度生产了世界上一半以上的水稻，被用作食物供人类食用。

水稻幼苗是鲜绿色的，植物成熟时变成金黄色。水稻生长周期较短，在种植后六个月或更短的时间内完全成熟。

水稻所结子实即稻谷，去壳后称大米或米。每粒米都有一层硬壳，在外壳下面是保护内核内部的麸皮层。我们吃的大部分米饭，米粒的外壳和麸皮都被去掉了，这种大米被称为"白米"。而糙米已经去掉了外壳，但没有去掉麸皮。麸皮使米饭吃起来更健康。

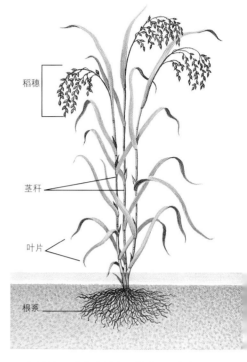

稻穗

茎秆

叶片

根系

水稻是一种草本植物。茎直立，中空，有节。稻穗中的子实即为稻谷。

地衣

Lichen

地衣是一种由真菌和藻类组成的生物，它是共生的一个例子。在共生关系中，两个或更多的生物之间有着密切的关系，它们为了生存而互相依赖。在地衣这个例子里，真菌为藻类提供水分，藻类利用这些水和阳光中的能量制造养分。作为交换，藻类为真菌提供养分，真菌是不能自己合成养分的。通过这种方式，这些生物中的每一种都依赖于另一种而得以生存。

世界上有数千种地衣，有绿色、棕色、黄色、橙色或灰色。有些在土壤中生长，但大多数地衣生长在岩石或树皮上。地衣可以在几乎没有植物的地方生存。因为它们没有根，所以它们可以在裸露的岩石上生长。一些地衣生活在北极。对于许多植物来说，北极太冷了。其他地衣生活在沙漠中或在山上。在北极，驯鹿冬季里以吃地衣为生，蜗牛和昆虫也吃地衣。地衣覆盖了北极的很多区域，为驯鹿提供了冬季食物。

淀粉

Starch

淀粉是由植物制造的白色粉状物质。它存在于豆类、玉米、大米和小麦的种子中。在植物的根、茎，包括土豆、竹芋和木薯的块茎中也有淀粉。

植物通过光合作用制造糖类，然后植物细胞将这种糖转变成淀粉，用来储存能量。当植物需要能量时，它又将淀粉变回糖类。

淀粉类食物是人和其他动物直接能量的重要来源。它是一种糖类，三大类营养物质（蛋白质、脂肪和糖类）之一。

工厂也使用淀粉，用于增强布料强度的上浆工艺，也用于制作某些更坚固、更光滑的纸张。

延伸阅读： 光合作用；根；种子；茎；块茎。

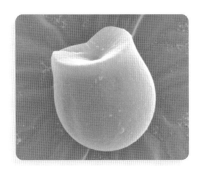

通过显微镜看到的，来自木薯的一粒淀粉。

丁香

Lilac

丁香是一种美丽的灌木，以其宜人的花香而闻名。许多诗人都为丁香的美丽而创作过诗篇。欧丁香分布于欧洲东南部，高约 6 米。绿色的叶片，花簇生，白色或紫色。

丁香几乎可以在任何花园中种植，但更适宜在北方的气候中生长。它们不需要费心打理。育苗机构已经培育出很多的丁香品种，其中一些品种有着比欧丁香更大、色彩更丰富的花朵，花色从白色到深紫色、深红色都有。

浅紫色也称为"丁香紫"，它是以一些丁香属植物的淡紫色花而命名的。

延伸阅读： 花；灌木。

丁香

豆腐

Tofu

　　豆腐是一种用大豆制成的食品。它看起来像奶油冻或软白的奶酪。中国人在1000多年前就开始制作豆腐。如今，它是整个东亚地区人们的一种重要食物。同时，豆腐也很受世界上其他一些地区的欢迎。

　　豆腐本身几乎没有味道，但它可以汲取与它一起烹饪的其他食物的味道。它含盐量低，不含胆固醇。胆固醇是一种脂类物质，体内大量的胆固醇会增加罹患心脏病的风险。

　　厨师有时会用豆腐代替鸡蛋或乳制品。豆腐也可以用来代替炒菜和其他菜肴里的肉类。

　　延伸阅读： 大豆。

豆腐是用大豆制成的。

豆类

Bean

　　豆类是指人们当作蔬菜食用的豆荚和里面的种子。豆类植物种类繁多。有些豆人们只吃里面的种子，而有些则种子和豆荚都可食用。切记有些豆类植物是有毒的。

　　世界各地的农民种植各种各样的豆类植物。大豆是最重要的农作物，富含脂肪和蛋白质。它们可以用来代替肉类、鸡蛋或奶制品。大豆是许多加工食品中的重要成分，它们还被用来生产植物油和饲养牲畜。

　　芸豆在北美很受欢迎。美国南部和中美洲的印第安人首先种植了芸豆。市面上有几种不同种类的芸豆，包括红芸豆、斑豆和白腰豆。棉豆也是一种十分流行的豆子。人们还吃各种各样的豆角，豆角在幼

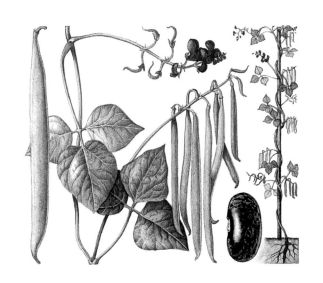

菜豆羽状复叶具3小叶，花发育成种荚。种子黑色、白色、褐色、粉色、红色或有花斑。

嫩时期采摘下来是最可口的。

豆类植物可以肥沃土壤。一些农民通过种植豆类作物，然后把它们犁回土壤中还田这种方式来施肥。

有些豆科植物生长得又矮又茂密，另一些则通过缠绕在杆子、绳子或其他植物上的茎来爬藤。菜园里最喜欢攀爬的豆类植物叫"荷包豆"，开鲜红色花。

豆类植物

Legume

豆类植物又称豆科植物，是有花植物里最大的类群之一。世界上有成千上万种豆类植物。豆类植物因为它们植株上结的果荚而得名，这些果荚也称为"豆荚"。

许多豆类是重要的作物。大豆、豌豆和花生是营养丰富的食物。紫花苜蓿、车轴草和紫云英可作为牲畜的饲料。其他豆类还用于生产染料、药物、油和木材。豆类植物也能添加养分（氮肥）到土壤中。出于这个原因，农民经常用豆类植物来改良贫瘠的土壤。

豆类植物在世界上的大部分地区都能生长。按生长特性分类有乔木、灌木或草本植物，还有许多是攀缘植物。许多豆类植物的花看起来像蝴蝶，香豌豆就属于这个类群。其他豆类植物的花可能是小而规则的。有些豆类植物开不规则的、辐射状花瓣的花朵。

延伸阅读：豆类；农作物；花；坚果；豌豆。

人们吃的品种繁多的豆子，是各类豆类植物的种子或荚果。

毒漆藤

Poison ivy

毒漆藤是一种含有刺激性油脂的藤蔓或灌木。它生长在美国和加拿大的部分地区。

毒漆藤的叶片由三片小叶组成。它的叶片在春天呈红色,然后变成闪亮的绿色。该植物开小的绿色花朵,结白色带蜡的果实。太平洋毒漆和毒漆树与毒漆藤近缘。

当人们触摸毒漆藤时,毒漆藤中的油脂会粘到皮肤上。人们甚至会因为触碰了沾有毒漆藤油脂的衣服或鞋子而中招。这种油脂会使皮肤发痒、变红、起水泡。一旦触摸后,须立即洗净皮肤,以减轻这种植物油脂造成的身体伤害。使用炉甘石洗液或含硫酸镁、小苏打的湿纱布有助于缓解瘙痒。

延伸阅读: 常春藤;太平洋毒漆;有毒植物;漆树;藤蔓。

短枝上的侧小叶

长枝上的顶生小叶

毒漆藤可以凭借三片尖尖的小叶来识别。小叶中含有毒的油脂,会刺激皮肤,引起皮疹。

杜鹃

Azalea

杜鹃是一种开花灌木。杜鹃花种类很多,颜色有粉红、红、白、黄或紫色等。杜鹃生长于山地疏灌丛或松林下,喜欢湿润的环境。它们也被认为是优良的园艺品种。杜鹃喜欢排水良好的土壤。忌烈日暴晒,适宜在光照强度不大的散射光下生长。

杜鹃主要生长在北美和东亚。大多数北美杜鹃每年秋天都会落叶,而亚洲杜鹃多属于常绿灌木。花期为5—6月。雄蕊长约与花冠相等,花柱伸出花冠外。经授粉后,花粉会萌发发育出花粉管,继而授精。

延伸阅读: 花;灌木。

杜鹃为花色繁茂艳丽的灌木。

堆肥

Compost

堆肥是园丁们使用的一种有机肥料。它是利用各种植物残体为主要原料制成的，与土壤混合以帮助植物生长。

为了制作堆肥，园丁们把合适的植物材料堆成一堆。最常用的材料是野草、树枝、树叶和咖啡渣。但只要是植物材料，基本都可以用来制作堆肥。

植物材料需要经过腐烂或分解才能制成堆肥。不同材料适当混合后，层层铺垫约15厘米深的坑，中间混有动物粪便和土壤以加速发酵。浇水也可加速腐烂。如果堆肥在一个容器中发酵，则需要在侧面打孔以使空气流通。堆肥在使用前应腐烂 5 ~ 7 个月。制作完成后，园丁们将堆肥与土壤混合以使土壤疏松和肥沃。堆肥也可以用作覆盖物，帮助土壤保持水分。

延伸阅读： 腐烂；肥料；土壤。

堆肥由植物、土壤、肥料和石灰层叠堆积而成。在腐烂几个月后被用作肥料或覆盖物。

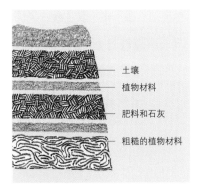

—— 土壤

—— 植物材料

—— 肥料和石灰

—— 粗糙的植物材料

如何制作堆肥？

需要的材料：

- 后院空地
- 植株、残叶
- 树枝、植物残体
- 蔬菜或水果皮
- 水
- 园艺铲

1. 让大人帮你在后院或其他地方选择一个可以用来制作堆肥的角落，大约 0.3 平方米。

2. 收集一堆野草、小树枝、落叶、枯死的植物和其他类似的东西。

3. 把果皮和蔬菜皮混合在一起，然后浇水。

4. 每月用铲子翻动混合物，肥料需要几个月的时间制成，它会慢慢分解，成为天然的堆肥。

5. 你可以把堆肥掺到花园里的土壤中。它将帮助矿物质回归土壤，并保持新植物的健康。

6月						
日	一	二	三	四	五	六
					1	2
3	4	5	6	7	8	9
10	11	12	13	14	15	16
17	18	19	20	21	22	23
24	25	26	27	28	29	30

多年生植物

Perennial

孔雀紫菀

多年生植物是一种寿命超过两年或两个生长季节的植物。有些多年生植物，如乔木，可以存活数百年。多年生植物不同于一年生植物和二年生植物。一年生植物只有一年的寿命，二年生植物为两年。

有些多年生植物是木本的，包括乔木和灌木。多年生木本植物的树干每年都会变粗。

欧丁香

其他的多年生植物不是木本的，它们的茎和其他地上部分每一个生长季节都会死亡，但是地下部分存活了下来。第二年，它们又长出新芽。非木本的多年生植物包括芦笋、大黄和许多春花。

铃兰

多年生植物包括许多受欢迎的花，包括欧丁香、铃兰和孔雀紫菀。

延伸阅读：一年生植物；二年生植物。

多肉植物

Succulent

多肉植物是一类有着膨大的、储存水分的叶、茎或根的植物。仙人掌类是人们最熟悉的多肉植物之一。多肉植物生长在沙漠和其他水分稀缺的地方。通过利用储存在叶片和茎中的水，多肉植物可以在没有降雨的条件下存活很长时间。

自然界中有三类主要的多肉植物。叶片肉质的多肉植物，几乎整片叶子都由储存水分的组织组成，茎都很短。茎秆肉质的多肉植物，叶片很少或根本没有叶片，那些叶片似乎只存活了很短的时间就枯萎了。根肉质的多肉植物将营养物质和水分储存在地面以下的部分，可以在干燥条件下长期存活。

延伸阅读：仙人掌；沙漠；叶；茎。

多肉植物

E

鳄梨

Avocado

鳄梨拥有一颗硕大的种子。

鳄梨是一种生长在热带地区的水果。果实通常为梨形，有时呈卵形或球形。外表皮颜色从绿色到深紫色。中果皮肉质，呈黄绿色，可以食用。鳄梨果种子硕大，不能食用。

鳄梨树高约 9～18 米，枝条开张，叶深绿色，花淡绿带黄色。

鳄梨原产于中美洲，但现在在其他许多地方都有种植。墨西哥是世界最主要的鳄梨生产国。

鳄梨富含丰富的维生素、矿物质和鳄梨油，主要用于蘸酱、色拉和甜点。

延伸阅读： 果实；乔木。

二年生植物

Biennial

二年生植物是一种可以生长两年或两个生长季节的植物，以此来完成它的生命周期。

在它的第一个生长季节，二年生植物储存食物。生长季节过后，它就变得不活跃了。在下一个生长季节，它利用储存的食物来开花和制造种子，然后死亡。

像冰岛罂粟、蜀葵和毛地黄之类的花是两年生的。好几种蔬菜也是两年生的，包括甜菜、胡萝卜、欧防风和芜菁。欧芹也是两年生的。人们通常在第一个生长季节期间或之后不久收获，因为那时的植物营养价值最高。

延伸阅读： 一年生植物；胡萝卜；毛地黄；蜀葵；欧芹；欧防风；多年生植物；罂粟；芜菁。

毛地黄

冰岛罂粟

须苞石竹

二年生植物用两年完成它们的生命周期。

发芽

Germination

发芽是种子萌发并生长的过程。种子只在外界条件有利于生长时才萌发，通常需要有水和足够的温度才能发芽。

世界温暖地区的大多数植物，种子在落地后不久就会发芽，那是因为这些地区有充足的水和适宜的温度。而大多数寒冷地区的植物，种子在冬季不会发芽，直到春季气温升高并带来降雨时才发芽。

发芽的种子从土壤中吸收大量的水分。水使得种子膨胀。随后，种子里的小嫩芽突破种皮。小小的根则向下生长，同时，小叶子突破土壤向上生长。

延伸阅读： 繁殖；种子；茎。

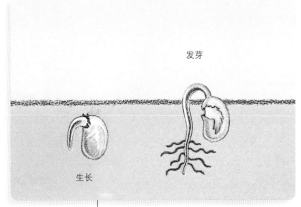

种子通过萌发开始发芽和生长。首先，小小的根向土壤中推进以寻找水分。小小的茎突破土壤以寻找阳光。植物很快就在地面上开枝散叶了。

番红花

Crocus

番红花是一种很受欢迎的园林球根花卉。花色有白色、黄色或紫色。花由 6 片形状基本一致的花瓣组成。叶子看上去像大片的青草。大多数番红花能长到 8 ～ 10 厘米高。番红花品种很多，一些于早春开花，其他的在秋季开花。

番红花的金色柱头很名贵，用于食品调味和上色，被制成一种叫"藏红花"的调味品。它是地中海和印度菜肴的重要配料。藏红花是由手工收割雌蕊的花柱部分干燥制成，非常昂贵。大约 6 万朵花的产量只有 0.45 千克。番红花也用作染料。原产于南欧和亚洲，现在广泛分布于世界各地。

延伸阅读： 花。

番红花

番木瓜

Papaya

番木瓜是一种热带水果，果肉和种子可以吃。人们通常鲜食或喝木瓜汁。番木瓜富含维生素和矿物质。

番木瓜形状各异，许多呈圆形或椭圆形。大多数都有13～15厘米长，重约0.5千克。果实成熟时，表皮通常是绿黄色到橙色。果肉的厚度在2.5～5厘米之间，颜色从浅黄色到深橙红色不等。种子又黑又皱。

番木瓜生长在纤细、茎干中空的树干上，树高8米以上。番木瓜原产于北美洲和南美洲的热带地区，现在世界上气候温暖地区都有这种热带水果的种植。

延伸阅读：果实。

番木瓜

番茄

Tomato

番茄是一种为了收获其光滑、圆润、多汁的果实而种植的植物。新鲜的番茄可以生吃或用在各种菜肴中。番茄也用来制作各种食品，包括番茄酱、意大利面酱、番茄汁、番茄汤等。番茄是重要的维生素和矿物质来源。

番茄的植株有强烈的气味。茎上有细柔毛。植株随着生长而扩散开来，开黄色小花，之后结出番茄。番茄的果实起初呈绿色，成熟时大多数会变成红色、橙色或黄色。番茄起源于南美洲。西班牙人可能在16世纪中期从墨西哥将番茄带到了欧洲，然后西班牙人和意大利人开始种植番茄作为食物。

但许多人认为它们有毒，因为番茄与几种有毒植物的关系比较密切。结果，番茄直到19世纪初期才被人们作为食物广泛接受。

延伸阅读：果实；茄科；蔬菜。

人们种植许多品种的番茄。它们的果实起初都是绿色的，但大多数在成熟时变成橙色、红色或黄色。

番石榴

Guava

番石榴是一种生长在温暖地区的水果。果实呈圆形、椭圆形或梨形；果皮呈黄色或浅绿色；果肉为白色、黄色或粉红色，其中分散着小种子。番石榴含有维生素 C，有些甜而有些是酸的。甜番石榴可以生食，酸番石榴则被制成果酱、果冻或果汁。它们用于制作馅饼、蛋糕和冰淇淋。

番石榴的树皮光滑而有光泽，树枝下垂。最初在哥伦比亚和秘鲁种植，而如今，澳大利亚、巴西、印度、菲律宾、泰国等温暖地区都有种植。美国在加利福尼亚州、佛罗里达州和夏威夷岛等处有种植。

延伸阅读： 果实。

番石榴开白色的小花朵。果实中有许多坚硬的种子。

繁殖

Reproduction

繁殖是生物为延续种族所进行的产生后代的生理过程，即生物产生新的个体的过程。从最大的动植物到最小的生命体都需要繁殖。没有繁殖，任何生命形式都会灭绝。

生物的后代与父母长得很像，它们能做到这一点是因为所有生物都有基因。基因是细胞内的化学指令，它们指导着生物的生长和各项功能。在繁殖过程中，基因由父母传给后代。

繁殖有两种。植物界通常为有性繁殖。在有性繁殖中，双亲生育后代，这个后代有来自父母双方的基因。亲本基因在生殖细胞中，雄性生殖细胞叫作"精子"，雌性生殖细胞叫作"卵子"。精子与卵子结合，完成受精过程。受精卵被装在种子里，一旦遇到好的土壤，种子就可以长成新植物。

另一种繁殖叫作无性繁殖。在这种繁殖中，后代只从一个亲本发育而来，这个后代拥有亲本所有的基因。有些时候植物也采用无性繁殖。例如，从植物上切下来的一小块可以长成一个新的个体。

　　它可能是放在水中或潮湿土壤中的一朵花的茎，这段根茎可以长出新的根，然后它可以长成一朵新的花。

　　延伸阅读： 无性繁殖；细胞；受精；花；基因；花粉；种子。

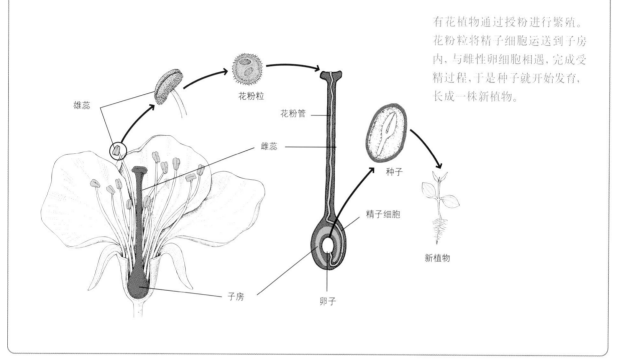

有花植物通过授粉进行繁殖。花粉粒将精子细胞运送到子房内，与雌性卵细胞相遇，完成受精过程，于是种子就开始发育，长成一株新植物。

雄蕊　花粉粒　花粉管　雌蕊　种子　精子细胞　新植物　子房　卵子

肥料

Fertilizer

　　肥料是帮助植物生长的物质。为了使农作物更好地生长，农民使用肥料来提高土壤肥力。

通过一种小型飞机向农作物喷洒液体肥料。

花园和草坪也需要施肥。

肥料含有植物生长所必需的营养物质,分为有机肥料和无机肥料。有机肥料亦称"农家肥料",以有机物质作为肥料,包括人粪尿、厩肥、堆肥、绿肥、饼肥、沼气肥等。在工厂里制造的由无机物组成的肥料称为"无机肥料"。人们在使用肥料时必须非常小心,肥料被雨水冲走后会污染河流、湖泊和地下水源。

风铃草

Bellflower

风铃草是一类带有钟形花的观赏植物。种类丰富,有些在野外生长。花为蓝色、粉红色、紫色或白色。大多数种类在春末夏初开花。有的可以长到 1.8 米高,有的则匍匐生长。

常见的风铃草属植物包括:风铃草、圆叶风铃草、桃叶风铃草。有一种叫"食用风铃草",它的根和叶子可以作为蔬菜煮熟食用。

延伸阅读: 花;蔬菜。

风铃草是风铃草属植物常见的名字。它们有很多品种,但都可以通过钟形花来识别。

枫树（槭树）

Maple

枫树是一种以其甜美树汁和秋天时的美丽色彩而闻名的乔木。它的树汁被制成枫糖浆。枫树有很多种,只有一部分种类能生产枫糖浆。枫树生长在世界上大多数四季分明的地区，但基本原产于亚洲。

枫树的叶子成对生长在枝条的两侧。每片叶子裂成几片或几部分。几乎所有的枫树在秋天都会落叶，其中有很多种枫树的叶子在凋落之前会变成橙色、红色或是黄色。枫树叶是加拿大的象征。

枫树在春天开花，种子成对生长，它们被叫作"钥匙"。这些"钥匙"有扁平的薄翅，使它们在落下时可以旋转并漂浮在风中。这有助于将种子传播到新的地方。

枫树的木材坚固。人们用它来制作厨房地板、家具和乐器。

糖槭生长在北美东部和东北部。它的甜汁液用来制作枫糖浆。

延伸阅读： 树汁；种子；乔木。

蜂蜜

Honey

蜂蜜是蜜蜂用花蜜酿造的甜味液体。花蜜是由鲜花制成的。人们饲养蜜蜂以获得蜂蜜已经有数千年的历史。人们吃蜂蜜原蜜或将蜂蜜添加到许多食物中。蜂蜜的颜色和风味取决于提供花蜜的植物类别。颜色从白色到深琥珀色都有，风味或温和或浓烈。最常见的蜜源植物有苜蓿、车轴草、紫菀、向日葵、柑橘、一枝黄花和各种野花。

工蜂通过吸食花蜜来加工蜂蜜。它们将花蜜存放在体内一个叫作"蜜巢"的特殊小巢中。巢中的特殊化学物质将花蜜的糖分解成更简单的形式。然后蜜蜂再将花蜜储存在蜂巢中叫作"蜂房"的结构里。在那里，花蜜失去大量的水分。当花蜜失去水分时，就变成了蜂蜜。蜜蜂通过吃蜂蜜获得它需要的能量。

蜜蜂将蜂蜜储存在六边形、称为"蜂房"的小室中。

延伸阅读： 苜蓿；车轴草；花；一枝黄花；花蜜；向日葵。

凤梨科植物

Bromeliad

凤梨科植物通常依附在其他植物上。大多数凤梨科植物叶呈剑状，密生，莲座式排列，中间有"小池塘"能储水。凤梨科植物花色鲜艳，既美观又宜养。许多人把它们当作室内盆栽点缀环境，品种也很多。

凤梨科植物生长在温暖的地区，比如潮湿的森林。原产地在美洲热带地区。在南美洲可以发现大多数凤梨科植物的踪迹，其他的则生长在中美洲和美国南部。

在其他植物上生长的植物称为"附生植物"。和其他附生植物一样，凤梨科植物不从它们依附的植物中获取食物，宿主只是为它们提供了一个居住的地方。不过也不是所有的凤梨科植物都是附生植物，比如菠萝就是地生的。

延伸阅读： 附生植物；菠萝。

凤梨科植物通常依附其他植物生长，比如乔木。

凤仙花

Impatiens

凤仙花是一种以果荚会炸裂而闻名的显花植物。随着果荚的成熟，在果荚内部产生较强的张力。即使轻轻的触碰，也能使果荚炸裂，种子向四面八方弹射出去。出于这个原因，一些凤仙花被称为"不要碰我"（touch-me-not）和"急性子"。世界上凤仙花的种类很多，花色有粉红色、红橙色、橙色、黄色、紫色或白色。

野生的凤仙花分布于世界上的大部分地区，它们大多沿着河岸生长，或生长在树林、沼泽和潮湿的灌丛中，也有些种类种植在花园里。有两种凤仙花经常用于盆栽，一种是凤仙花本种，另一种是非洲凤仙花，这是一种耐阴的植物。

延伸阅读： 花；种子。

非洲凤仙花是一种常用于盆栽的凤仙花。

浮萍

Duckweed

浮萍是一类小型水生植物。它漂浮在小湖泊、池塘和缓慢流动的河流表面。除了极冷的地方，浮萍广泛分布于世界各地。它繁殖迅速。小池塘里经常有成千上万的浮萍，像绿色的地毯一样覆盖着水面。

浮萍科植物平展翠绿，通常有一个根，看起来像头发。浮萍没有茎或叶。

一种叫"芜萍"的浮萍科植物，长1.6～4.8毫米，是世界上最小的开花植物。

浮萍有助于保持水质清洁，可以从湖泊和河流中清理小块的污垢。鸭和鱼类以浮萍为食。

延伸阅读：湿地。

浮萍

浮游生物

Plankton

浮游生物主要是随着洋流漂浮的大量的海洋生物。它们也同样生活在内陆海域和湖泊中。浮游生物生活在水面附近，有些可以游泳，但它们的力量不够强，水流可以轻易带走它们。

自然界中有两种主要的浮游生物，称为浮游植物和浮游动物。浮游植物包括利用阳光中的能量自己合成食物的有机体（生物），这些植物样有机体也被称为藻类。多种微小的动物组成浮游动物，包括水蚤和许多其他的甲壳类动物。浮游动物还包括螃蟹、鱼类等许多种动物的幼体。随着这些幼体的长大成熟，它们会变得足够强大，可以对抗洋流游动。这时，它们便不再是浮游生物的一部分了。

浮游生物为很多生物提供了食物。浮游植物同时释放出大量的氧气。人类和其他动物必须吸收氧气才能存活。

延伸阅读：藻类；生命；氧气。

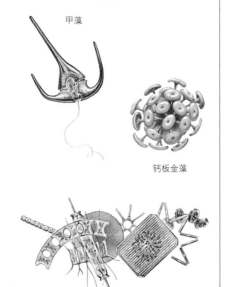

甲藻

钙板金藻

硅藻

浮游植物包括许多类似于植物的有机体。这些生物利用太阳能合成自己的食物。它们经常被浮游动物吃掉。

腐烂

Decay

腐烂是死去的植物或动物残体被破坏，细菌和真菌最容易引起腐烂。它们使用一种叫作"酶"的生物催化剂使物质分解。酶加速化学反应。腐烂在肥沃土壤方面起着重要的作用，已死亡的植物和动物含有宝贵的营养物质。植物需要营养才能生长。如果没有腐烂，许多营养物质会残留在死去的动植物体内无法排出。腐烂可以帮助营养成分分解回到土壤中，然后植物通过根部吸收这些营养，动物通过食用植物来吸收营养。因此，腐烂对所有生物的生存都很重要。

延伸阅读： 堆肥；死亡；生命；土壤。

枯叶从树上掉落并腐烂。腐烂的树叶会肥沃土壤，使其富含铁和其他矿物质。

腐殖质

Humus

腐殖质是土壤中的深棕色物质。它是由死亡的植物和动物的有机残留物质转变而来的。腐殖质增强了土壤肥力，帮助植物生长。

腐殖质含有许多养分，是生物生存和生长的必需物质。腐殖质呈海绵状，可以保有很多水分。它使土壤集聚在一起，从而有助于防止土壤被风或水带走。

腐殖质是由被称为分解者的生物产生的。分解者包括不同种类的微生物。蚯蚓和昆虫也是分解者，它们以死亡的植物和动物有机残留物质为食。最终，它们将这些物质转变成腐殖质。

延伸阅读： 腐烂；土壤。

附生植物

Epiphyte

　　附生植物是一种依附生长在另一种植物上的植物。附生植物不从其他植物中获取食物，相反，它们自给自足。大多数附生植物生活在世界上温暖的地方，但也有一些生长在寒冷地区。附生植物有时被称为"空气植物"，因为大多数植物通过根系深入土壤地下，吸收营养生长，这是它们获得水分和营养物质的方式，而附生植物不同。它的根暴露在空气中，从空气或附近的植物废料中获取营养。它通过根部叶子吸收水分。附生植物通常不会伤害它所附生的植物，除非长得太大了，阻挡了其他植物的阳光。

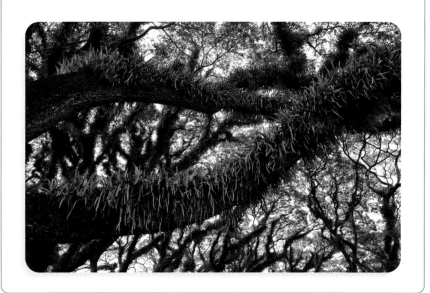

蕨类植物生长在弗吉尼亚栎的树枝上。这种蕨类植物是附生植物。

G

干草原

Steppe

　　干草原是一个主要由低矮禾草覆盖的区域。干草原出现在干燥的地区，大多数一年的降雨量为 25～50 厘米。降雨量少于大草原，但又多于沙漠。在北美洲，干草原覆盖了大平原的大部分区域，从新墨西哥州北部直到加拿大阿尔伯塔省的南部。在欧洲和亚洲，干草原从俄罗斯西南延伸至中亚地区。

　　大多数干草原上的植物高不到 30 厘米。它们也不如大草原上的草那么密。北美干草原上的植物有纤细垂穗草、野牛草、仙人掌、三齿蒿和黄茅。在人们来草原开垦之前，北美野牛、鹿、长腿大野兔、草原犬鼠、叉角羚、鹰和猫头鹰在这里繁衍生息。

骆驼边吃草边穿过长满矮草的干草原。

　　如今，人们将干草原作为牲畜的放牧区以及小麦和其他作物的农场。夏天的火灾在干草原上很常见。这种火灾很危险，因为在干草丛中，火势蔓延迅速。

　　过度放牧、深翻和漫灌导致的土地盐渍化已经损坏了一些干草原。强风会吹走耕作后疏松的土壤，特别是在干旱期间。耕种、大风和干旱造成了美国大平原地区大面积的沙尘暴。

延伸阅读： 农场和耕作；禾草；草原；大平原；大草原。

人们在干草原上放牧和种植小麦等作物。

干旱

Drought

　　干旱是一段异常漫长的无雨期，会导致农作物枯萎死亡，有时会由于缺乏食物而导致大范围的饥饿和死亡，引发饥荒现象。

　　在干旱时期，气温往往高于正常水平。高温使庄稼损失更大，森林和草地火灾也更易发生并迅速蔓延。肆无忌惮的大火使原本用作牧场和林场的地区岌岌可危，房屋和其他建筑物也可能毁于一旦。

　　干旱而干涸的土壤可能会被强风吹走，从而产生沙尘暴。在干旱期间，溪流、池塘和水井经常干涸。动物们因为缺水而干渴甚至死亡，因此政府会限制人们在干旱期间的用水量。

　　美国大平原地区经历了 1931 年至 1938 年历史上最严重的干旱。几乎没有粮食作物可以种植，粮食变得稀缺，粮食价格上涨。遭受干旱袭击的地区被称为"尘暴区"。

　　延伸阅读：农作物；沙漠；农场和耕作；大平原；灌溉；土壤。

玉米尤其容易受到干旱的损害。严重的干旱会毁坏整个庄稼的生长。

甘蓝

Collards

　　甘蓝主要指甘蓝植物的叶子。人们烹调甘蓝叶子当蔬菜吃。甘蓝与卷心菜和羽衣甘蓝关系密切。

　　但与卷心菜叶不同的是，甘蓝是松散卷曲的。甘蓝叶和羽衣甘蓝非常像，但是甘蓝可以在更温暖的气候中生长。

　　甘蓝在世界上分布广泛。在美国，它通常生长在南方。这种植物可以长到 60 ~ 120 厘米高。煮熟的甘蓝维生素含量丰富。

　　延伸阅读：卷心菜；蔬菜。

甘蓝

甘薯

Sweet potato

甘薯是一种在地下长有膨大的根的蔬菜。甘薯外皮和肉质的颜色丰富，从紫色到白色都有。最常见的肉质颜色是橙色、黄色和白色。甘薯是许多国家的重要食物。在美国，有时会将甘薯叫作薯蓣。然而，真正的薯蓣是另一个科的植物。

甘薯含有大量的糖类及维生素 A 和 C。糖类为植物和动物提供能量。人们可以购买的甘薯多种多样，有新鲜的、罐装的、冷冻的或干制的。甘薯还被用作动物饲料，生产酒精和淀粉。科学家卡弗用甘薯生产了 118 种产品，并制定了各种各样的食谱。

甘薯最初可能在南美洲种植。如今，它们遍布世界各地。中国是世界上最大的甘薯生产国。

延伸阅读： 卡弗；根；蔬菜；薯蓣。

甘薯在地下生出膨大的根。

纲

Class

纲是科学家用来给生物分类的系统中的一个类别名称。国际上采用三域分类系统的基本体系由 8 个分类群组成，主要有：(1) 域、(2) 界、(3) 门、(4) 纲、(5) 目、(6) 科、(7) 属、(8) 种。"域"是最高的层次和最大的群体；"种"是最低的层次和最小的群体。每一种植物都有自己的分类。

在这个分类系统中，纲的等级低于门，高于目。

同一个纲的生物有很多相似之处。例如，开花植物构成的一个分类群称为"有花植物"。其中又分为两大类：(1) 双子叶；(2) 单子叶。双子叶植物花粉具有与其他有花植物不同的结构。此外，双子叶和其他有花植物的种子有两片子叶，而单子叶植物种子只有一片子叶。大多数单子叶植物的花瓣和花的其他部分通常以 3 或 3 的倍数的形式生长。而双子叶植物的花通常 4 或 5 瓣，或者是 4 或 5 的倍数。双子叶植物种类比单子叶植物多得多。

延伸阅读： 科学分类；单子叶植物；目；门。

鸢尾属单子叶植物。花瓣和花的其他部分通常以 3 为基数生长。

野生老鹳草是一类双子叶植物。花基数通常是 4 或 5。

格雷

Gray, Asa

格雷（1810—1888）是他所处时代中最受尊敬的植物学家。他的专著《植物学手册》于 1848 年出版。这本书有助于人们了解美国东北部的植物，还有助于使植物学更受公众欢迎。植物学是对植物的研究。格雷认为，每种植物都在一个地点开始生长。他认为风有助于所有物种向新的地区传播。格雷出生于纽约索阔伊特。他一开始研究医学，但后来却对植物学更感兴趣。他用尽一生剩余的时间寻找不同种类的植物物种。他在 1831 年获得医学学位，但从未成为医生。

延伸阅读： 植物学。

格雷

根

Root

根是大多数植物的重要组成部分。根把植物固定在土壤里。它们吸收植物生长所需的水分和矿物质。许多植物的根也储存养分。大多数根生长在地下，有助于防止风和水侵蚀土壤。但是有些根沿着地面生长，有些甚至粘在树枝上。

根系主要有两种，为直根系和须根系。主根是笔直向下生长的大根，许多较小的细长侧根在主根上生长出来。有些主根很好吃，包括胡萝卜、甜菜、红薯和山药。

根有不同的部分。生长的根的第一部分叫做主根。侧根从主根上生长出来。细小的根毛生长在主根和侧根的末端。

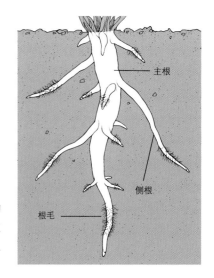

主根

侧根

根毛

活 动

根向下长，芽向上长

需要的材料：

- 罐子
- 豌豆或芸豆种子
- 一些吸墨纸或纸巾
- 水

1. 把种子浸在水里几个小时。往罐子里倒一些水，水深 1 厘米。把吸墨纸或纸巾弄湿。

2. 把种子放在吸墨纸或纸巾和罐子的侧面之间，如图所示。

3. 把罐子放在暖和的地方，始终保持约 1 厘米的水深。

4. 没过几天，种子的根系就会冲破种皮生长出来。它的生长方向是什么？稍后就会发芽，芽又会朝哪里生长？

5. 现在把罐子横过来放，这样每个种子的根和芽都指向一边。把罐子放着过一夜。早上你看到了什么？

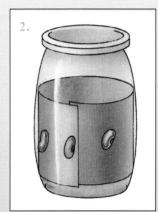
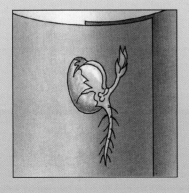

　　许多植物都有须根，这些丝状根向四面八方生长，大小都差不多。草的须根可以延伸很长一段距离。例如，黑麦植物的根总长度约为612千米。

　　延伸阅读：　甜菜；胡萝卜；土壤；甘薯；薯蓣。

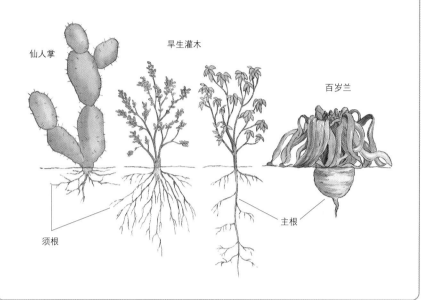

仙人掌　　　旱生灌木　　　　　　　　百岁兰

须根　　　　　　　　　　　　　　　　主根

两种主要的根系是须根系和直根系。在须根系中，次生根向四面八方生长，可能比原生根长。在直根系中，主根垂直向下生长，比次生根生命力顽强。像百岁兰这样的植物，有肉质的、膨大的主根。

根状茎

Rhizome

　　根状茎是沿着地面生长或者水平生于地下的植物茎。根状茎可以从土壤上长出叶和花。能长出幼芽和根系，芽发育成枝，形成新植株。不同植物的根状茎在颜色、重量、形状和大小上不同。

　　根状茎在生长过程中可以长出新的茎和叶，许多植物以这种方式传播生长。有根状茎的植物包括鸢尾、人参、姜和血根草等。其中有些植物，根状茎属于它们唯一的茎。姜就是一种根状茎，用于烹饪。许多植物的根状茎很粗，因为这些根茎通常用来储存养分。

　　延伸阅读：　芽；姜；人参；叶；根；茎。

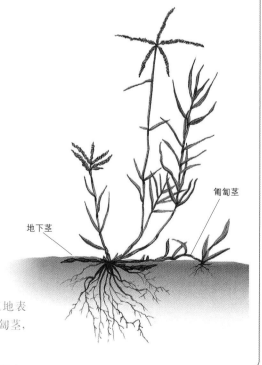

葡匐茎

地下茎

狗牙根长出根状茎，即长在地表以下的地下茎。它还会长出葡匐茎，也就是长在地面上的茎。

共生

Symbiosis

共生是指两种生物以密切的关系生活在一起。这样的生物生长形态称为具有共生关系。在共生关系中，至少一个成员从这种关系中受益。

在一种共生关系中，一种生物长在另一种生物身上或体内。第一种生物，称为寄生生物，可能会对称为寄主的第二种生物造成很大的危害。例如，一种叫菟丝子的杂草，从寄主，如苜蓿、车轴草和亚麻等作物中偷取水分和养分。

在另一种共生关系中，一种生物从寄主那里得到好处，但寄主不会受到寄生生物的影响。在第三种类型的共生关系中，两种生物相互受益，相互提供食物或保护。

共生关系对许多类型的植物来说很重要。例如，许多开花植物与昆虫有共生关系。花朵提供给昆虫含糖的花蜜。反过来，昆虫携带着一朵花中被称为花粉的微小颗粒，来到另一朵花，这个过程使植物能够产生种子并繁殖。

延伸阅读： 花；花蜜；寄生生物；繁殖。

生长在树皮上的地衣是共生关系的一个典型例子。地衣包含真菌和藻类细胞，它们以某种方式生活在一起并彼此受益。

谷物

Cereal

谷物是由小麦、燕麦、玉米、大米、大麦和荞麦等粮食制成的食物。这些植物也被称作谷物，它们是野草的后代。谷粒是由它们的种子制成的。

许多人早餐吃加牛奶或奶油的麦片。早餐麦片的两种主要类型是即食麦片和全谷物热麦片。这两种都是在工厂生产的。

即食谷物的制造商使用各种不同的方法，包括研磨和辊压，将谷物加工成薄片、膨化和其他形状。可以添加糖或其他甜味剂食用。同时，制造商加入了铁、蛋白质和维生素作为营养强化。

大多数热麦片都需要预先煮熟。在食用前，需要在平底锅或微波炉里用水加热。而要做即食热麦片，只要加热水搅拌即可。

延伸阅读： 大麦；玉米；粮食；燕麦；稻；种子；小麦。

即食谷物

瓜类

Melon

瓜类是许多种具有大型果实的葫芦科植物。它们具有不同大小和颜色的果实。这些果实可能是圆形或椭圆形，就像鸡蛋一样。它们可以长到 30 厘米直径或更大。

一些最受欢迎的瓜类有西瓜、哈密瓜和白兰瓜。西瓜有光滑厚实的绿色外皮。哈密瓜的外皮是黄褐色的，有粗糙的棱脊。白兰瓜具有光滑的绿色外皮。

瓜里的肉也有不同的颜色。西瓜的果肉有粉红色、红色或黄色。哈密瓜的肉是橙黄色的。白兰瓜的果肉则为绿色或白色。

瓜类长在贴地生长的长长的藤状茎上。茎上有卷须，是不寻常的叶片，看起来就像蜷缩的电线。

延伸阅读： 果实；瓠瓜；西瓜。

哈密瓜有黄褐色、粗糙带棱脊的外皮，果肉橙黄色。

贯叶连翘

Saint-John's-wort

贯叶连翘是一种开着黄色大花的灌木。品种很多，较大的品种单独生长时形成圆形的灌木，较小的是草本。它们在花园中被用作低矮的围墙。一些贯叶连翘是常绿植物，这些植物的花在夏天成群地盛开。偶尔，这些花是粉红色或略带紫色的。许多人用贯叶连翘来治疗轻度抑郁症，但科学家还不能确定这种草药是否能够治疗精神疾病。

延伸阅读：花；香草类植物；灌木。

贯叶连翘

灌溉

Irrigation

灌溉是指人为浇灌土地。人们从湖泊、江河、溪流和水井等处将水输送至没有充足雨水的土地。

没有灌溉，在沙漠地区开展农业种植就不可能实现。在其他地区，降雨只发生在一年中的一段时间内。灌溉可以使农耕作业在干燥季节也能继续。即使在降雨比较频繁的地区，有时也会遇到干旱，而浇灌可以使农作物在干旱期间存活下来。

说到灌溉，人们必须想办法将水运输到需要它的地方。大多数农场使用水渠网络将小溪、河流和湖泊里的水运送到农田里。井水则通常被泵到地面上，泵将水抽到通往农作物的水渠或水管中。灌溉水可以漫灌在田地的表面或用喷雾器喷洒在田地上，也可以通过塑料管浇到地面上，或者通过地下管道直接将水输送到植物的根部。

延伸阅读：沙漠；干旱；农场和耕作。

亚利桑那州斯科茨代尔，一条灌溉渠道将水送到沙漠另一边的农场上。灌溉使美国西南部大面积的沙漠地区变为高产的农场。

灌木

Shrub

　　灌木是指那些没有明显的主干、呈丛生状态的比较矮小的树木，也被称为矮树丛，尤其是当它们有很多分支的时候。

　　灌木比乔木小。它们有好几个茎。而乔木有一个明显的主干。灌木和藤蔓的不同之处在于，灌木不用攀附支撑物就能直立起来，而且不会攀爬。灌木不同于草本植物，它们有坚硬的木质茎。

　　延伸阅读：茎；乔木；藤蔓。

灌木指那些没有明显的主干、呈丛生状态的比较矮小的树木。灌木比乔木小。

光合作用

Photosynthesis

　　光合作用是绿色植物、藻类和某些微生物制造食物的方式。在光合作用中，这些生物利用阳光中的能量，将水和二氧化碳合成养分。过程中有氧气释放到空气中。动物，包括人，吸入氧气并呼出二氧化碳；而光合作用吸收二氧化碳，利用它，然后释放出更多的氧气。

　　光合作用是植物叶片的主要工作。一种叫作叶绿素的绿色物质存在于树叶中，用于吸收植物光合作用所需的光。

　　延伸阅读：叶绿素；叶绿体；叶；氧气；呼吸作用。

植物利用来自太阳光的能量，通过光合作用将水和二氧化碳进行合成。这个合成过程，需要在叶片中称为叶绿体的结构中进行，经此合成食物。

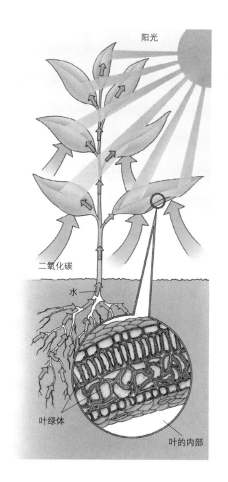

阳光

二氧化碳

水

叶绿体

叶的内部

果实

Fruit

果实是有花植物的一部分，里面含有植物的种子。果实是从花的子房发育而来的器官。子房里有称为"卵子"的雌性细胞，与称为"精子"的雄性生殖细胞结合受精后，子房发育

果实主要分为两类，这取决于它们是肉质果还是干果。肉质果主要分为浆果、核果及梨果。

种子
橙子

种子
葡萄

种子
西瓜

浆果是由子房或联合其他花器发育而成的柔软多汁的肉质果，大多数种类的果肉中嵌有许多种子。这一组只包括一些我们通常称之为"浆果"的水果。

果核　种子
桃子

种子
果核
樱桃

种子
果核
李子

核果的外果皮薄，中果皮肥厚多汁，内果皮硬化形成坚硬的果核，核内含1粒种子。

果芯　种子
梨

果芯
种子
苹果

梨果有肉质可食的果肉，果芯纸质，种子位于果芯之中，常较多。

种子
马利筋果荚

栗实（包裹种子）
栗树果实

种子
槭树果实

种子
玉米籽粒

干果是由许多种类的乔木、灌木、园林植物和草本植物所产生的。包括玉米和小麦在内的几乎所有禾本科植物的种子结构都属于这一类群。

成果实。

当动物食用果实后，种子即留在了它们的肠道里，当粪便排泄时种子也一并排出。这个过程使植物的后代能够传播到新的地方。

果实种类繁多，分类方法也是多种多样，主要分为单果和聚合果。单果是由一朵花的单雌蕊或复雌蕊的子房发育而成的果实，聚合果从两个或多个子房发育而来。单果构成了迄今为止最大的果实类群。肉质单果主要有三种：浆果、核果和梨果。

真正的浆果包括香蕉、蓝莓、葡萄、橙子和西瓜。浆果是由子房或联合其他花器发育成的柔软多汁的肉质果，有很多种子。但是，许多英文名称中含有"berry"（浆果）一词的水果并不是真正意义的浆果，例如黑莓（Blackberry）、树莓（Raspberry）和草莓（Strawberry），它们实际上是聚合果。

核果包括杏、樱桃、橄榄、桃和李。它们是肉质的果实，有坚硬的内果核。核果在核内只有一粒种子。

梨果包括苹果和梨，它们有肉质的外层果皮，果芯是纸质的，其中通常有 5 ～ 10 粒种子。

聚合果由一朵花内若干个离生心皮发育形成果实，每一离生心皮形成一独立的小果，聚生在膨大的花托上。有些是从单花发育而来，每个单花都有许多子房。这种类型聚合果包括黑莓、树莓和草莓。另一些也叫"聚花果"，是由整个花序发育而成的果实，例如无花果、桑葚和菠萝。

延伸阅读： 浆果；繁殖；种子。

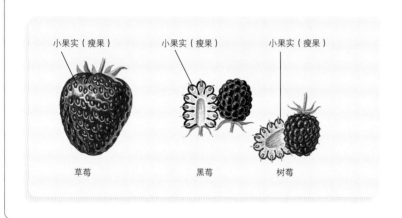

小果实（瘦果）　　小果实（瘦果）　　小果实（瘦果）

草莓　　　　　　黑莓　　　树莓

聚合果从两个以上子房发育而来。

海带

Kelp

海带是一种生长在浅海水域的海藻。海藻是藻类而不是真正的植物。海带通常呈棕绿色，生长在全世界从寒冷到温暖的海域中，在热带海域通常生长不良。

海带有很多种，大小和形状各不相同。最大的海带称为"巨藻"，可以长到60米长。许多巨藻生长在一起形成了水下森林。

海带为许多海洋动物提供了庇护所。它们藏身于林立的海带中以躲避捕食动物。动物们也以海带为食，包括某些螺类和海胆。人们也在海洋的特殊牧场里养殖海带，尤其是东亚沿海地区。

延伸阅读： 藻类；海藻。

巨藻可以长至60米长。

海藻

Seaweed

海藻是海洋里几乎所有看起来像植物之类的东西的统称。海藻可以从海底生长出来，漂浮在水面上，附着在岩石和码头上，或者被冲到岸上。

海藻有成千上万种。它们都是海产藻类。藻类不是植物，它们没有真正的根、茎、叶或花。一种叫作固结的根状部分帮助海藻抓住物体，它看起来像茎和叶子的叶状体，从上面长出来。海藻柔软的叶子可以随着水弯曲和摇摆而不被撕裂。真正生长在海洋中的植物叫作海草。与海藻不同，它们长有根、茎、叶和花。

和绿色植物一样，海藻利用阳光将水和二氧化碳转化为食物。这个过程称为"光合作用"。

　　许多海藻富含维生素和矿物质，人类和海洋动物食用某种藻类。例如，海苔被用来做寿司卷。海藻还被用于口红、纽扣等产品中。

　　延伸阅读：藻类；海带；光合作用。

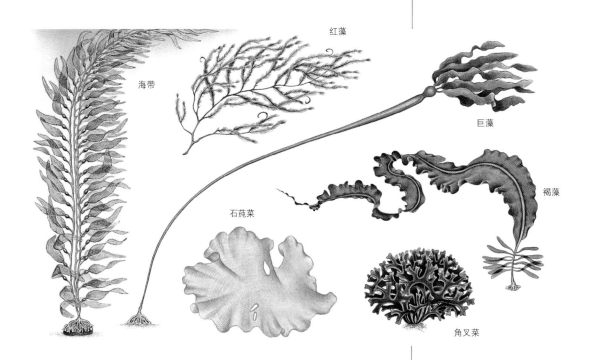

红藻

海带

巨藻

褐藻

石莼菜

角叉菜

海藻有各种各样的形状和颜色。

旱金莲

Nasturtium

　　旱金莲是美洲热带地区的一种花卉，是一种受欢迎的花园植物。它是一种蔓生或攀援植物，可以长到大约 3 米长。花呈黄色、橙色或红色。

　　旱金莲的花有五个小萼片，或外部花瓣。上部的三个萼片形成长长的距，距中有花蜜。在五个萼片内侧，有五个花瓣。三个下部花瓣有长长的、带有流苏的爪。这些花瓣与上面的两个花瓣有点儿分离。旱金莲的叶片形状像雨伞。它们有辛辣的味道,因而常用来制作色拉。

旱金莲用种子播种很容易成活。霜冻下会死亡。冬天可以在室内继续生长。旱金莲在明亮的阳光下生长良好。

■ 延伸阅读: 花。

种植在北美洲公园里的旱金莲。它有伞形的叶片,开橙色、红色或黄色的花朵。

禾草

Grass

禾草是覆盖田地、草坪和牧场的绿色植物,其中包括了多种草本植物。禾草几乎在地球的所有陆地表面都可以找到。它们生长在沼泽和沙漠中,也生长在极地和热带土地上,甚至可以生长在岩石堆和寒冷的雪山上。

农作物,比如小麦、玉米、大麦和稻,为人们提供食物。农民还养草来饲养牲畜。一些禾草被用来制造燃料、塑料和许多其他产品。我们吃的糖主要来自一种叫作"甘蔗"的禾草。人们用玉米和大麦制作酒精饮料。一些纸是由某些禾草的叶子和茎制成的。

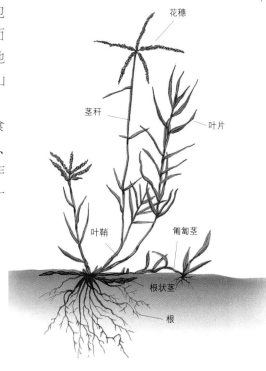

花穗

茎秆

叶片

叶鞘

匍匐茎

根状茎

根

狗牙根植株的一部分,包括两种类型的爬行茎,称为匍匐茎和根状茎。匍匐茎在地上生长,而根状茎在地下生长。叶片从秆上生长。

与其他植物一样，禾草通常是绿色的，因为它含有叶绿素。这种物质通过光合作用将太阳能转换成植物和吃植物的动物都可以使用的能量。它生长在草坪上、公园里和操场上，也让世界变得更美丽。草的根同时也保护着土地，它们把土壤颗粒连接在一起，这样土壤就不容易被风吹走或被水冲走。草根在土壤下相互连接形成厚垫。草秆连接着茎和长而窄的叶子，它们可能是实心或空心的。

禾草的花形成果实和种子以繁殖新的植株。大多数禾草有成簇的颖花和大量的种子。小麦、稻和大麦等禾本科植物的种子称为谷物，连同植物本身可能也被称为谷物。

一些禾本科植物在生长季节结束时死亡，新种子必须在下一季开始时播种下去。另一些禾本科植物在冬天存活，每年都会再生长。禾本科植物可以根据它们用途的不同，分为六种主要类型：(1) 牧草，(2) 草坪草，(3) 观赏草，(4) 谷物，(5) 糖料作物，(6) 木质草本。牧草用来喂养牛、马和羊等动物。草坪草用于覆盖运动场、高尔夫球场、草坪和游乐场。观赏草因为姿态优美而被种植在花园和公园里，它们有羽毛状花序。

谷物是世界上最重要的粮食作物之一。谷物的种子可以磨成粉，它们包括小麦、稻、玉米、燕麦、高粱、大麦、黑麦和谷子。甘蔗提供了世界上一半以上的糖，它也被用来制造燃料。甘蔗可以长到 4.6 米高。木质草本包括竹子，竹子坚固的木质茎被用于建造房屋、木筏、桥梁和家具。竹子可能长到 40 米高。

延伸阅读： 竹子；大麦；草地早熟禾；谷物；玉米；农场和耕作；粮食；草原；燕麦；潘帕斯草原；根状茎；稻；黑麦；小麦。

几种草类

蒲苇（观赏植物）

鸭茅（牧草）

二粒小麦（谷物）

甘蔗（糖料）

竹子（木本）

黑麦

Rye

黑麦是一种类似小麦和大麦的谷物。黑麦有细长的穗状种子，有长而硬的毛。黑麦植物的根深、长、广，总长度可达到约612千米。

黑麦可以用来制作面包和酒精饮料。它的秸秆可以作为包装材料和屋顶的茅草，也可以用来做帽子、床垫填充物和纸。农民种植黑麦以防止土壤流失。

黑麦生长在亚洲、欧洲和北美洲。主要的黑麦生产国包括德国、波兰和俄罗斯。

延伸阅读： 大麦；谷物；农作物；粮食；种子；小麦。

黑麦种子生长在长茎顶端的细穗上。种子穗状花序也有许多硬毛，称为"芒"。

红花

Safflower

红花的种子可用来榨油。大多数红花有黄色或橙色的花和带刺的叶子，也有些为红色或白色的花。

红花生长在温暖、干燥的地区，包括澳大利亚、印度、墨西哥、西班牙和美国西南部。

红花籽油受到注重健康的消费者的欢迎，因为它含有低饱和脂肪，而饱和脂肪可能引起心脏病。它还含有人体所需的高脂肪酸，经常用于烹调或加入色拉油、人造黄油、蛋黄酱和起酥油中。也用于油漆和清漆。

延伸阅读： 花；油；种子。

红花花冠较大，叶和茎类似蓟属植物。红花籽被用来制作营养丰富的油和粉。

红杉（巨杉）

Sequoia

　　红杉是一类高大的常绿树，也是地球上最大最古老的生物之一。巨杉的树干直径可能超过 9 米，能活 2000 多年。

　　巨杉是常绿树，树皮红褐色。它有针状的小叶子，从树枝上向四面八方伸展。红杉的球果是木质的，椭圆形，长约 5 ～ 8 厘米。红杉原产于美国加利福尼亚，海拔 1500 ～ 2400 米之间。

　　一棵名叫谢尔曼将军树的巨杉树是世界上体积最大的树之一。它生长在加利福尼亚的红杉国家公园。这棵树大约有 84 米高，树干长约 31 米。

　　延伸阅读： 针叶树；常绿植物；乔木。

年幼的红杉（左上）呈圆锥状，它的枝干靠近地面。较低的树枝慢慢脱落（上中），但圆锥的树冠保留下来。较老的红杉因被闪电击中而失去了树梢，于是树冠呈圆形（右上）。

巨杉有小而尖的针叶和椭圆形的球果。老树的树皮厚达 61 厘米，有助于保护它免受火灾和虫害。

针叶　球果　　　　树皮

红树

Mangrove

　　红树是一类生长在咸水中的树。它们沿着漫长的热带海岸线分布，生长在平静的海水中。红树看起来有点像踩着"高跷"的灌丛，这"高跷"是扎根于水下的树根。红树有很多种，最有名的是美洲红树。在生长的过程中,它的枝条上会长出往下扎的根来。

红树的种子通常在果实还挂在树上时就开始生长。种子会长出悬垂的、长达 30 厘米的根。最后,果实落了下来。果实漂浮在水面的时候,根下垂着。一旦根的顶端接触到泥土,一棵新的树就马上开始生长了。

大型的红树林沿着海湾、潟湖和河口生长。这些红树林对许多生物来说是非常重要的。大量的鱼类和其他动物都生活在红树林的根际。它们的根也可以起到减缓水流和固定泥沙的作用。通过这种方式,红树林保护了海岸线。不幸的是,如今许多红树林被摧毁。大量红树林为了给养虾场或稻田腾更多的空间而惨遭砍伐,有些则因各种污染而死,还有一些红树林被人们砍伐作为木材使用。

延伸阅读: 森林;乔木。

红树林生长在漫长的热带海岸线上。这些红树林生长在佛罗里达大沼泽地国家公园里。

猴面包树

Baobab

猴面包树的树干异常宽阔，直径可以达到 9 ～ 15 米，树高可达 24 米，生长在亚洲和非洲。

猴面包树开白色花，夜间开放。它的果实被趣称为"猴子面包"。这种果实将近 30 厘米长。它挂在树上，就像长绳上的一个豆子袋，中间柔软的果肉是人们的美味佳肴。

人们有时会将猴面包树的叶子和树皮入药，用树皮做布料、纸和绳子。

延伸阅读：乔木。

叶

果实

树干直径可以达
到 9 ～ 15 米

猴面包树

猴面花

Monkey flower

猴面花是开花特别像猴脸的植物。这种花有两片"嘴唇"，上唇由两个联合的花瓣形成，下唇由三个联合的花瓣形成。花瓣上通常有斑点。

猴面花有很多种。它们的株高有 15 ～ 90 厘米。分布在南美洲和北美洲，主要生长在太平洋海岸。

可以在花园或温室中种植。它们在荫蔽处也能生长良好，但必须浇够水。

延伸阅读：花。

猴面花

呼吸作用

Respiration

呼吸作用是生物体获得和利用生存所需要的氧气的方式，还包括排出生物利用氧气时释放出来的二氧化碳。

呼吸可分为两个过程。其中一个过程包括气体进出生物，另一个过程涉及细胞内的化学反应。在大多数植物中，气体通过叶子上的小孔进出。气体也通过根部和茎的细胞外层。这种气体的运动使氧气能够到达植物细胞。在细胞中，呼吸作用包括一系列需要氧气的化学反应。这些反应从食物中释放能量，从而使细胞正常工作。

植物通过光合作用的反向呼吸过程来制造自己的食物。在光合作用中，植物吸收二氧化碳并释放氧气，利用阳光中的能量制造糖。光合作用产生的糖可用于细胞内的呼吸。

延伸阅读： 仙人掌；沙漠；叶；茎。

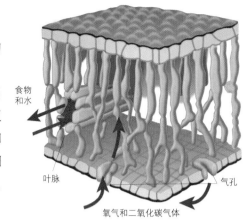

植物叶片通过气孔进行呼吸作用。植物也进行一种"反向呼吸"，即光合作用，在这个过程中，水和二氧化碳被用来生产食物和氧气。

胡椒

Pepper

作为一种香料，胡椒科植物大部分用来给食物调味。胡椒品种很多，比如黑胡椒、白胡椒、红胡椒和多香果椒。胡椒多来自胡椒植物的果实。

胡椒属植物能产生一种小的绿色浆果，成熟时会变红。浆果开始变色时就采摘，然后清洗和干燥。在干燥过程中，浆果会变黑，被磨碎制成胡椒。

大多数胡椒来自巴西、印度、印度尼西亚、越南和其他气候炎热的国家。

胡椒含有一种特殊物质，使它具有一种强烈的味道。同时含有一种混合油，赋予它一种特殊的气味。

浆果

胡椒产生小的绿色浆果，成熟时会变成红色。干燥的浆果会变黑，被碾碎制成胡椒。

胡萝卜

Carrot

胡萝卜根肉质，橘色，作蔬菜食用，含有许多矿物质和维生素。

胡萝卜可以生吃，常加在色拉中，也可烹饪食用，煮在汤里或炖菜。在世界上的一些地方，人们用胡萝卜来制作类似咖啡的饮料，他们烤熟胡萝卜磨碎后代替咖啡豆。胡萝卜羽状全裂的叶片和长茎也可食用。

胡萝卜生长在世界各地，播种时将小种子排成一排，大约埋 1.3 厘米深，生长周期为 100 天。

延伸阅读： 农作物；根；蔬菜。

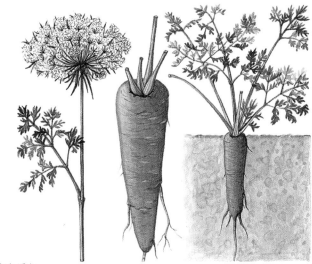

人们主要吃胡萝卜橙色的肉质根。
这种植物也长茎、叶和花。

胡桃

Walnut

胡桃的坚果和木材都具有重要价值，坚果也称为核桃。胡桃树有好几种。

英国胡桃树出产的坚果价值最高。这种树的树冠高大，枝叶伸展，树高 30 米，树皮灰色，复叶较大，木材较软。开花的时候，整棵树开满了成串的小花，然后产出核桃。核桃的果壳很薄，果仁尝起来淡淡的，很香甜，主要含有脂肪和一些蛋白质。

黑胡桃树则因其深紫褐色的木材而享誉全球，主要用于家具、枪托和室内装饰。坚果有一种独特的、层次丰富的味道，但是它们的外壳质地坚硬，厚厚包裹住中间的果仁，所以在进行商业销售之前，这类坚果通常会被去壳。

延伸阅读： 坚果；乔木；木材。

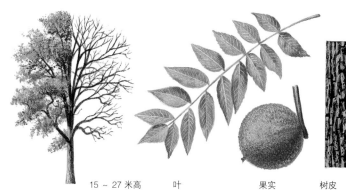

15 ～ 27 米高　　叶　　　果实　　树皮

黑胡桃树

槲寄生

Mistletoe

槲寄生是一种生长在其他植物树干或树枝上的植物。肉穗寄生和白果槲寄生最常在苹果树和栎树上生长。它们也可能在其他树上生长。

槲寄生是一种带革质叶的常绿植物，开微小的黄色花朵，结白色带光泽的浆果，鸟类爱吃这种浆果，但对人也许有毒。槲寄生与许多传统和假日有关，尤其是圣诞节。在许多国家的传统中，一个站在槲寄生下面的人必须被亲吻。

延伸阅读： 常绿植物。

槲寄生是一种生长在其他树木枝干上的植物。

琥珀

Amber

琥珀是一种坚硬的黄色物质，看起来像一块黄褐色的石头。抛光的琥珀像彩色玻璃一样，光线可以穿过。琥珀是一种化石，它来自数百万年前死亡的树木。树木产生了一种称为"树脂"的黏性液体。树木死亡后被埋在地下或水下，树上的树脂慢慢硬化成琥珀。

许多琥珀块保存着蜘蛛、昆虫或其他动物的遗骸。这些动物被困在树脂中，并被保存在极好的条件下。科学家通过研究它们来了解史前生命。

大多数琥珀来自北欧和中美洲。工人们从一种叫作"蓝泥"的土壤中开采琥珀。人们用琥珀加工制作珠宝。

延伸阅读： 树脂。

在琥珀中常会有一些小甲虫，这是当初松树油滴落下来时候刚好覆盖在小昆虫上。经过长时间的洗礼，松树油变得坚硬又呈现透明状，里面的小昆虫还栩栩如生。

瓠瓜

Gourd

瓠瓜长在具有观赏性的藤蔓上。

瓠瓜是一种与南瓜和南瓜属植物关系紧密的蔬菜。它的果实有许多的颜色和形状，可能有红色、白色、橙色或绿色的条纹。一些瓠瓜是圆的；而有些则很长，一端弧形，另一端圆形。其他瓠瓜则像梨或瓶子。许多种类瓠瓜表面光滑，但有些则被疣状隆起覆盖。

瓠瓜野生于美洲、非洲和一些太平洋岛屿上。瓠瓜的叶片大，叶端尖，花通常呈黄色。茎干像藤蔓一样沿着地面生长，遇到墙壁或其他支撑物时则攀缘生长。瓠瓜很容易种植，只要在霜冻过后把种子种植在阳光充足的地方。

延伸阅读： 南瓜；南瓜属植物；蔬菜。

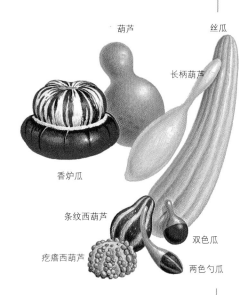

瓠瓜结出的果实具有丰富的颜色和形状。

葫芦　　丝瓜
长柄葫芦
香炉瓜
条纹西葫芦　　双色瓜
疙瘩西葫芦　　两色勺瓜

花

Flower

这里的花指的是那些绽开的花朵。植物用花来繁殖或产生新的植物，大多数植物都有花，有时整株植物被称为花。大部分花产生花粉和种子。

花的形状千姿百态，颜色不一，许多有怡人的气味。有些植物只结一朵花，另一些会开多头花。

还有一些，比如蒲公英和雏菊，它们的头状花序是由许多小花组成的。

世界上的有花植物有成千上万种。有些树开花很美，如欧洲七叶树和梓树。但是这些会开花的树不能称之为花卉，只有花园里的花和郊外的野花才称为花卉。

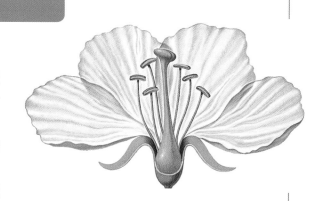

一朵花有四个主要部分：(1) 花萼，(2) 花冠，(3) 雄蕊，(4) 心皮。花萼是最外轮的变态叶。花冠由花瓣组成。雄蕊和心皮构成花的生殖器官。

人们喜欢花，因为它们美丽的形状、颜色和怡人的香味。许多人用花来装饰他们的家和工作场所，有些人送花作为礼物来表达他们的感情，也有的人在坟墓上用鲜花祭祀，来表示对所爱之人的怀念。花是爱、忠诚和长寿的象征，它们是许多仪式和庆典的重要部分，比如婚礼和游行。某些花有宗教意义。例如，在基督教中，白色的麝香百合代表纯洁。佛教和印度教认为荷花是神圣的，也许是因为它那迷人的花朵生长在淤泥上。

一年生园艺植物包括向日葵(左)和金鱼草(右)。

多年生园艺植物包括菊花(左)和铃兰(右)。

二年生园艺植物包括风铃草(左)和蜀葵(右)。

所有的花卉都曾是野花。第一批有花植物大约在 1.3 亿年前出现，有花植物的进化使数以千计的新物种出现成为可能，特别是昆虫。从 6500 万年前开始，大量的有花植物开始覆盖地球。随着时间的推移，人们学会了用种子培育有花植物。在公元前 3000 年古中东的埃及人和其他民族已经开始种植各种各样的花园植物，包括茉莉花、罂粟和睡莲。如今，每个国家都种植鲜花。育种家们培育出了许多在野外找不到的新品种花，不过世界各地仍有成千上万种生长在野外的有花植物。随着人们破坏野生环境给农场和城市腾出空间，许多物种正面临濒危，变得越来越稀有。

野花在寒冷、温暖和炎热的地方都有生长。一些长在沙漠，那里非常干燥；另一些则生活在池塘或热带丛林等潮湿的地

在高山草甸上，成千上万的野花同时开放。在适当的环境条件下，野花生命力旺盛，几乎随处可见。

方。每朵花都能适应它的生长环境。例如，开花的沙漠植物可以在没有雨水的情况下存活好几个月。有些植物根系发达，在雨季它们能吸收尽可能多的水分维持生存。另一些则把水储存在它们粗大、松软的茎干中。生活在世界最北部的有花植物能在严寒中存活数月，它们只在短暂的夏季开花。

园艺花卉是一种曾经野生但现在在花园里生长的花，种植在家庭花园、农场、苗圃和温室里，有些是很好的室内观赏植物。

观赏园艺花卉主要有三种，分别是一年生、两年生和多年生植物。一年生植物只在一个生长季节里生长开花，然后死亡；两年生植物有两个生长季节，在第二个生长季节开花；而多年生植物至少生长三个季节，大多每个生长季节都可以开花。大多数花园里的园艺花是一年生或多年生的。

在温暖潮湿的热带和雨林中生长着种类丰富的野花。

花是从花梗顶端的花蕾长出来的。大多数花有四个主要部分：花萼、花冠、雄蕊和心皮。心皮常被称为"雌蕊"。花的部分附着在茎上。

花萼是最外轮的变态叶，在花蕾开放前保护花蕾。花开后，它们可能看起来就像花下面的叶子。花萼里面是花瓣，花瓣是大多数花中最大、最鲜艳的部分，统称为"花冠"。雄蕊和心皮参与繁殖，雄蕊是雄性的部分，心皮是雌性的部分。有些花既有雄蕊又有心皮，有些则只有雄蕊或只有心皮。每一个雄蕊都有一个花丝和一个肥壮的尖端，叫作"花药"。花药用来制造花的花粉。有些花只有一个心皮，但大多数花有

在阿尔卑斯苔原上，耐寒的花朵如羽扇豆在短暂的无霜冻期绽放开来。

两个或更多个。雌蕊为被子植物花中的心皮的总称。心皮拥有一条称为"花柱"的柄，花柱的顶端有柱头，底部有一个胀大的子房。子房位于花的雌蕊下面，为一至数枚心皮的、边缘以围卷状态愈合的囊状器官。传粉受精后，子房发育成果实。

花粉从花药到柱头的移动过程叫作"授粉"。风是很好的传粉媒介，特别是那些开得小而普通的花。在一些有花植物中，花从自己的花药中得到花粉。昆虫或动物也是很好的

传粉者。每粒花粉都含有两个称为"精子"的雄性细胞，这些精子游过花粉管，使雌性细胞卵子受精，其他精子则为受精卵提供营养。授粉后，子房发育成果实。其余的花随着果实的生长而逐渐凋谢。

许多昆虫以花为食。蜂类吃花粉和花蜜，这是一种花中

花以其鲜艳的颜色和香味吸引昆虫。昆虫以花粉和花蜜为食。

许多在树林中的花灌木如杜鹃花，在高大乔木长出叶子之前的早春开花。

的甜味液体；蜜蜂用花蜜来酿蜜，供冬天食用；蝴蝶和蛾子也吃花蜜；某些甲虫和苍蝇既吃花蜜又吃花粉。当昆虫在花间穿梭寻找食物时，花粉会附着在它的身体上，于是一些花粉刷到花朵的黏性柱头上，完成了传粉的过程。

花以其鲜艳的颜色或诱人的香味吸引昆虫。蜜蜂特别喜欢开黄色和蓝色并且有甜美的香味的花。蝴蝶和蛾子喜欢花蜜多的花，它们用长长的管状口器吸食花蜜。

许多蛾子在夜间采蜜，钟情于那些白天花瓣闭合，只在晚上开放并散发香味的花。它们颜色大多数是淡色或白色的，这样在夜间比深色的花朵更容易被看见，如月见草和金银花。

有些花依靠苍蝇或甲虫来传播花粉，它们散发出一种类似腐肉的气味。这些花比如大王花和巨魔芋，它们是所有花中最大的。大王花能长到90厘米宽。巨魔芋在一根3米长的茎上开出许多小花。鸟类和蝙蝠吃花蜜也有助于传播花粉。蜂鸟特别喜欢红色、橙色和黄色的花，包括耧斗菜、欧丁香和火焰草。

花粉

Pollen

　　花粉是花朵形成的微小颗粒。大多数植物都使用花粉进行繁殖。花粉是在花的雄性部分——雄蕊中形成的。花粉从一朵花的雄性部分运送到花的雌性部分的过程称为"授粉"。授粉使大多数植物产生种子。

　　花粉粒的形状、大小和表面特征各不相同。这些差异使每种植物的花粉不同。有些植物借助风来传粉。风将一朵花的花粉带到另一朵花上。这些植物的花粉通常有可以捕捉风的外形。依靠风进行传粉的植物通常会产生大量的花粉。它们的花一般没有鲜艳的颜色或芳香的气味。

　　大多数具有缤纷色彩花朵的植物通常由昆虫或其他动物进行授粉。这些动物被鲜花中的花蜜，一种含糖的液体所吸引。动物采食花蜜的时候，花粉便粘在它们的身上，然后它们就将花粉带到另一朵花上。依靠动物进行传粉的植物通常会产生具有黏性的花粉。

　　有些植物是自花授粉的。在这些植物中，花粉可能会留在花里面，然后掉落到花的雌性部分上。

　　很多人都对花粉过敏。空气中大量的花粉引起他们的花粉病。这种过敏会导致头痛、眼睛又红又痒、流鼻涕、打喷嚏。来自豚草的花粉是在美国引起花粉病的罪魁祸首。

　　延伸阅读： 受精；花；花蜜；繁殖。

有些植物借助风的作用将它们的花粉从一朵花传到另一朵花。如猫柳的花序将花粉释放到空中，再借助微风将其吹送到其他花朵上。

蜜蜂和其他昆虫经常从一朵花中携带花粉再传到另一朵花。比如这种蜜蜂，当它们造访花朵并采食甜美的花蜜时，花粉会被粘到昆虫的身上。当它们随后落在其他花上时，花粉可能会脱落，从而完成授粉过程。

花蜜

Nectar

花蜜是很多花都会产生的一种甜味液体。许多动物以花蜜为食。这些动物包括蜜蜂、甲虫、蝴蝶、苍蝇和飞蛾等昆虫。较大的动物如蜂鸟和蝙蝠也以花蜜为食。蜜蜂将花蜜酿造成蜂蜜。

植物用花蜜来吸引动物，而这些动物则帮助植物繁衍后代。动物取食花蜜的时候，携带了花蕊上微小的花粉。当动物来到其他花上的时候，它们随身携带着花粉，一部分花粉粘到这些花的花蕊上。这种植物花朵之间的花粉交换使植物能够产生种子，而这些种子可以长成新植物。这种花粉的交换过程称为"传粉"。

延伸阅读： 花；花粉；繁殖。

蜂鸟以花朵产生的花蜜为食。

花生

Peanut

花生是生长茂盛的坚果状果实，但它实际上不是坚果。花生是豆科植物。像豌豆一样，花生在豆荚里生长。通常每个豆荚里有两颗花生。

花生生长在亚洲、非洲和美国的温暖气候中。在美国，乔治亚州种植的花生最多。

人们喜欢烤咸花生，这些花生是带壳卖的，壳很好剥。花生也可去壳出售。面包师经常在蛋糕、饼干和馅饼中加入花生。厨师有时会把它们加到

花生生长在地下。人们通常认为花生是坚果，但实际上它们是荚果。人们吃花生，用花生油做饭。花生植物的其他产品包括肥皂、剃须膏、洗发水和塑料。

主菜中。他们也用花生油煎食物和调味色拉。花生酱是由磨碎的烤花生制成的。

　　花生还有其他用途。花生油被用于制作肥皂、油漆、护肤霜和洗发水等。花生壳被用来制造塑料和软木之类的材料。花生的每一部分都是有用的。

　　花生原产于南美洲。20 世纪初，美国科学家卡弗对花生进行了广泛的研究。卡弗发现了这种植物及其果实的 300 多种用途。自 20 世纪 30 年代以来，花生种植在世界各地迅速发展。

　　花生是有益于健康的食物，但是有些人对花生过敏。他们必须避免吃花生和含有花生成分的食物。

　　延伸阅读： 卡弗；果实；豆类；坚果；油；种子。

花椰菜

Cauliflower

　　花椰菜是一种头又大又白的蔬菜。它的花球是由肥嫩的茎轴和很多肉质花梗及绒球状的花枝顶端发育不成熟的花蕾聚合而成的，这也是可食用部分。花椰菜可以多种形式被食用，比如：烹制，生吃，也可以腌制。但是大多数人选择用烹制的方式食用。花椰菜包含多种矿物质以及维生素。花球周围也可以长出大的绿叶。花椰菜在凉爽、潮湿的天气中生长得最好。如果天气很热，会使花球难以形成，如果天气很冷，则形成的花球较小。花椰菜跟西兰花、抱子甘蓝和卷心菜有密切的关系。

　　延伸阅读： 西兰花；抱子甘蓝；卷心菜；蔬菜。

花椰菜的叶子很大，包裹着花球。人们吃那些簇生的白色花蕾。

化石

Fossil

化石是由于自然作用而保存于地层中的古生物遗体、遗迹等。一块化石可能有几千年甚至几百万年的历史，可以帮助科学家了解过去生活在地球上的动植物。大多数生物在很久以前就灭绝了，也就是说，这些物种的最后一个个体都已死亡。化石是科学家了解史前生命的主要方式之一。

有些化石原本是木头，因为变成了石头而保存下来。它们被周围沉积物的矿物质所渗入取代，化石就这样形成了。大面积的树木化石被称为"石化林"。化石可以存在数百万年，有些石化林已有2亿多年的历史。动物骨骼化石的形成方式类似。其他化石被称为"模铸化石"，通过遗留的印迹来反映该生物体的主要特征。这些化石保存了一种生物的轮廓，生命体被泥沼覆盖之后，就会形成印痕。

经过数百万年的时间，泥土被挤压成岩石，一块扁平的生物印痕就留在岩石里。大多数植物和没有骨头的动物的化石都是这样形成的。

植物在被泥土掩埋后也可能形成实体化石。原来的生物在特别适宜的情况下避开了空气的氧化和细菌的腐蚀，可以比较完整地保存下来而无显著的变化。在随后的岁月中，这些生物遗体中的有机质分解殆尽，坚硬的部分如枝叶等与包围在周围的沉积物一起经过石化变成了石头，但是它们原来的形态、结构依然保留着；同样，那些生物生活时留下的痕迹也可以这样保留下来。

还有一类特殊化石叫"琥珀"，可以保存花粉和其他植物物质。植物可能保存在焦油坑中，或保存在永久冻土中。科学家甚至在数千年前灭绝的冷冻猛犸象化石内脏中发现了植物。

延伸阅读： 琥珀；灭绝。

一块古代树叶化石（顶部），在泥土中受挤压慢慢形成石头。硅化木（上图）是一种植物化石，组成物质在埋藏情况下被逐渐溶解，再由外来矿物质逐渐补充替代最终变成石头。植物化石为科学家提供了早期植物的有关线索。

如何制作化石?

1. 在盘中铺一层黏土,厚度约为 1.25 厘米。

2. 把你的化石模型压入黏土中。一定要仔细小心,然后取出模型。

3. 把熟石膏和水混合在一起,用棍子搅拌,直到它看起来像厚厚的奶油。

4. 将混合物倒入黏土层上面,大约 2.5 厘米厚。3 小时后石膏就会变硬。

5. 当石膏变硬时,把它从盘里取出来。把黏土剥下来,就可以找到你的化石了。许多真正的化石是在泥沙中形成的。几千年来,泥沙层层叠压,最终硬化成岩石。

需要的材料:

- 造型黏土或橡皮泥
- 小盘子
- 化石形状(例如叶子、树枝或贝壳)
- 1 杯熟石膏粉(工艺或五金店购买)
- 半杯水
- 混合容器
- 搅拌棒

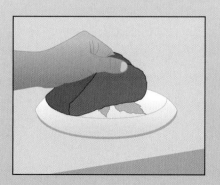

桦树

Birch

　　桦树是桦木属植物的通称，以其薄如纸的树皮而闻名。树皮呈片状剥落。桦树结的果实很小，长在球果里。桦树品种很多，有些是灌木。它们生长在北美洲、欧洲和亚洲。

　　最著名的桦树是纸皮桦，也称为"北美白桦"。它有白色的树皮，细腻光滑，可以在上面写字。北美白桦可以长到 18～24 米高，在北美洲和欧洲都有分布。在北美洲，它从遥远的加拿大北部生长到阿巴拉契亚山脉南部。

　　大多数桦树被用来做木材和木浆。木浆用来造纸。

　　延伸阅读： 灌木；乔木。

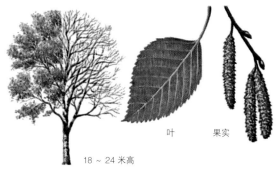

叶　　果实

18～24 米高

北美白桦是最著名的桦树。

环境

Environment

　　环境是指人类生存的空间及其中可以直接或间接影响人类生活和发展的各种自然因素。植物的环境由土壤、阳光和以植物为食的动物组成。

　　温度和阳光属于非生物因素，它们构成了非生物环境。生物，或者曾经存活过的东西，比如倒下的树木，构成了生物环境。非生物环境和生物环境共同组成了我们生活的整体环境。研究生物与环境之间的关系称为"生态学"，研究生态学的人称为"生态学家"。

　　延伸阅读： 生物群落；生态学；栖息地。

环境包括生物，如花和树；还包括非生物，如温度和阳光。

荒原

Moor

　　荒原是一大片树木很少的土地。这些地方的土壤通常比较贫瘠,不能用于农耕。在苏格兰和英国的其他地方都存在荒原。欧洲的西北部和北美洲也有荒原。

　　一些荒原覆盖着一层湿润的、叫作"泥炭"的海绵土。泥炭由死亡和腐烂的植物组成。虽然土壤贫瘠,但是大多数荒原上都生长着一种叫作"泥炭藓"的苔藓植物。苏格兰的荒原上覆盖着紫玫瑰色的、叫作"帚石南"的灌木。

　　延伸阅读: 泥炭;土壤。

苏格兰以其荒原而闻名,它们通常覆盖着紫玫瑰色的、叫作"帚石南"的灌木。

黄瓜

Cucumber

　　黄瓜是园艺蔬菜,表皮绿色,光滑或多刺,内瓤是白色或黄色的。大多数黄瓜里面有很多种子,也有一些是无籽黄瓜。

　　黄瓜常用于生食,经常会被拌入色拉中或制成泡菜。黄瓜富含铁、钙和一些维生素。

　　黄瓜是一种有毛茎的藤蔓植物。叶片为宽卵状心形。花开黄色或白色,花谢后结出黄瓜。黄瓜长约 2.5 ～ 90 厘米不等,在世界上广泛栽培。

　　延伸阅读: 蔬菜;藤蔓。

黄瓜的花谢后结出黄瓜。

黄麻

Jute

黄麻是一种来自植物的、长而柔软、有光泽的纤维。它可以编织成简单的、结实的绳索。黄麻是最便宜的一种天然纤维，也是除了棉花以外，生产量和用途最多的天然纤维。

黄麻经常被用来制作包裹棉花卷的包装材料。制作成的粗糙布袋叫作麻袋。黄麻也被编织成窗帘、椅垫、地毯和粗麻布，也用于制作麻线和绳索。

黄麻适合在温暖、潮湿的地区生长。中国、印度和孟加拉国是世界上最大的黄麻种植地。黄麻纤维呈灰白色至棕色，长度为 0.9～4.5 米。

延伸阅读： 棉花。

黄麻是一种结实的天然纤维，常用于制作麻袋。

基因

Gene

　　基因是细胞内的化学指令。它们决定了生物如何生长，确定了植物即将长成的形状。它们决定了植物如何长根、叶和花以及植物各部分如何发挥作用。生物从父母那里获得基因。大多数生物都是一半基因来自父方，而另一半来自母方。

　　每个植物细胞都有数以万计的基因。这些基因位于称为"染色体"的微小线状结构上。基因位于某条染色体上的特定位置。染色体则位于细胞中的细胞核内。

　　基因是由 DNA 组成的。DNA 代表脱氧核糖核酸，形态就像长长的、扭曲的梯子。这个梯子的"阶梯"由碱基组成，每一对碱基形成一个阶梯。大多数基因由数千个碱基对组成。

　　科学家可以改变某些生物中的特定基因。例如，他们可以向农作物添加基因，这种基因可以使植物更健壮、拥有抗病性或更高的营养价值。这种改变基因的方式称"基因工程"。

延伸阅读： 细胞；农作物；遗传；生命；孟德尔。

染色体

植物的基因位于微小的、结构细长的染色体上，由一种叫作 DNA 的化学物质所组成，外观像扭曲的梯子。

基因

DNA

蒺藜草

Sandbur

　　蒺藜草是生长在沙地中的一种麻烦的杂草，原产于美国西部，现今在世界上许多温暖的沙地都有生长。它与生活在美国南部的稗亲缘关系较近。

　　蒺藜草在地上常有几个分枝，高约 30 ～ 60 厘米；茎的末端长有小尖刺，每个尖刺都有 10 ～ 20 个小刺苞。蒺藜草的刺苞会刺破皮肤，带来较大的痛楚。

延伸阅读： 禾草；杂草。

蒺藜草

寄生生物

Parasite

寄生生物是一种以另一种生物为食的生物。给寄生一方提供营养物质和居住场所的生物叫作"寄主"。捕猎动物的食肉动物通常很快杀死并吃掉它们的猎物，但是寄生生物只以活着的寄主为食，每次食用一点。

攻击植物的寄生生物有许多种。这些寄生生物中有许多是真菌的变种。例如，一种叫作黑粉病菌的真菌以寄生虫的形式生活在谷类植物上。黑粉病菌通过抢夺资源来危害植物，它用来繁殖的小孢子也会损害植物。枯萎病菌是另一种寄生在植物上的真菌。锈菌是另一种侵袭植物的真菌。

其他种类的生物也会以寄生物的形式生活在植物上。被称为线虫的微小蠕虫是植物上的寄生虫，这些蠕虫通常以植物的根部或其他地下部分为食。许多细菌和病毒也攻击植物，但是这些微生物通常被认为与寄生生物不同。

延伸阅读：食物链；真菌。

许多真菌寄生在植物上。真菌通常会在叶子和茎上长出毛茸茸的东西。

蓟

Thistle

蓟是一种带刺的植物，是遭人讨厌的杂草。它在世界的很多地方都有生长，最常见的蓟有丝路蓟、翼蓟、高蓟和双色蓟，前两种来自欧洲，另两种来自北美洲。蓟是苏格兰的象征。

蓟有坚韧的茎，叶子有尖刺。它的花通常呈粉红色或紫色，头状花序。随后，花序变成毛茸茸的大果球。种子则靠风进行传播。

一些种类的蓟有很强大的根系，以至于很难从地上拔除。农民有时会使用化学药品来杀死这些植物。

许多的蓟都有紫色花朵组成的圆形头状花序，叶片带尖刺。

坚果

Nut

　　坚果是一种干燥的种子或果实,果皮坚硬。人们把不同种类的坚果当作零食,也用它来烹饪以增加食物的风味。面包有时是用各种坚果制成的粉末烘烤制成。长坚果的植物遍布全球。

　　真正的坚果是一种干燥的、只有一粒种子的果实,被坚硬的外壳包裹着,不能自己裂开。核桃是真正的坚果。扁桃仁或花生等坚果不是真正的坚果。

　　坚果可以用来榨油。花生油和核桃油用于烹饪。核桃油也被用来清洁和抛光木制家具。

　　延伸阅读:　扁桃仁;豆类;可可;椰子;果实;花生;美国山核桃;种子;胡桃。

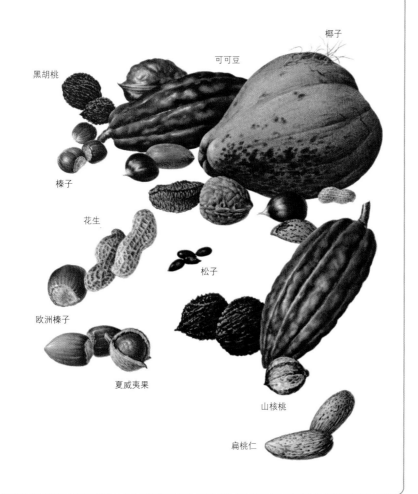

黑胡桃　　可可豆　　椰子

榛子

花生

松子

欧洲榛子

夏威夷果

山核桃

扁桃仁

巴西坚果

栗子

核桃

腰果

可乐果

花生仁

真正的坚果是一种干的、只有一粒种子的果实,被坚硬的外壳包裹着。扁桃仁和花生不是真正的坚果。

姜

Ginger

生姜是一种浓郁的香料，用于烘焙和烹饪。也常用于风味饮料。生姜来自于姜这种植物的地下根茎。姜在世界的大部分地区都有栽培。

姜有很多种。干姜、黑姜和白姜都以干燥的形式售卖。黑姜在干燥前要先在水中烫过，白姜则先将根茎的外皮削掉。保鲜姜被去皮并在糖浆中煮沸。新鲜的姜被用于烹饪，特别是在东亚至印度一带的饮食中。

延伸阅读： 香料。

姜

浆果

Berry

浆果是一种水果。果皮外层为薄壁细胞，其余部分均为肉质多汁的果肉，果肉内含许多种子。香蕉、蓝莓、葡萄、青椒、甜瓜、橙子、番茄和西瓜都是浆果。

大多数人把任何含有许多种子的小而多肉的水果都称为浆果。例如，许多人认为草莓、黑莓和树莓是浆果。但是尽管他们的英文名称里含有"berry"，但它们不是真正的浆果。

植物学家把水果分为两大类。这些水果被称为"单果"和"聚合果"。浆果是单果。草莓、黑莓和树莓是聚合果。

有些浆果，包括西瓜，外皮很硬。其他浆果，包括橙子，都有革质果皮。

延伸阅读： 香蕉；果实；葡萄；瓜类；橙子；胡椒；番茄；西瓜。

浆果

西瓜

橙子

葡萄

酵母

Yeast

酵母是一种微小的单细胞生物,它属于真菌,通常依靠动植物遗体为生。酵母用途广泛。面包师将酵母放入面团中,使面团发酵,制成面包和其他烘焙食品。当酵母细胞生长时,它们释放出一种气体,从而使面团膨胀。有酵母的烘焙食品通常比没有发酵的食品更轻、更干燥。酵母也被用来制造啤酒和葡萄酒。

酵母有数百种。用来做面包的是面包酵母,人们通常购买的是干酵母粉或颗粒状产品。蛋糕酵母是由活的、活跃的酵母细胞构成。而干酵母中的细胞虽是活的,但不具活性。烘焙师将干酵母和温水混合,这样酵母细胞就会生长,放入面团中即可进行发酵。

延伸阅读: 真菌。

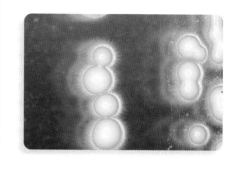

酵母细胞以动植物遗体为食。人们用酵母发酵面包。酵母也被用来制造啤酒和葡萄酒。

酵母如何发酵面团?

在面包制作过程开始时,酶是被添加到面包面团中的化学物质。酶把淀粉转化成糖。

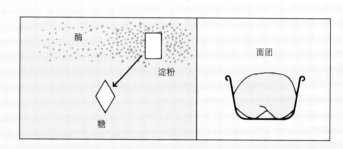

酵母释放酶,把糖分解成酒精和二氧化碳气体,产生的气泡使面团膨胀。

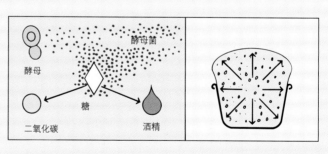

在烘烤过程中,酒精蒸发(变成气体)。气泡留在面包里,给它一种轻盈的质感。

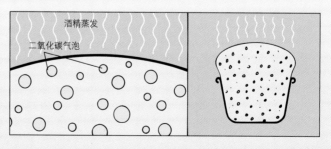

芥末

Mustard

芥菜是为食物制作浓郁调味料的多叶植物。某种芥菜的种子可以制成淡黄色粉末状或糊状的芥末，用于色拉酱调料和泡菜中，有时用来给肉调味。芥菜籽油赋予芥末浓郁的味道。大多数芥菜可以长到约 1.2 米高。

芥菜有好几个品种。一些在美国比较流行的芥末是由白芥的种子制成，白芥有时也叫黄芥。棕芥用于制作辛辣的法式芥末酱。这种植物制成的芥末酱在亚洲也很受欢迎。

芥菜有大的深绿色叶子。叶子厚并有锯齿状的叶缘。菜叶较嫩的时候可以作为叶菜食用，维生素 A、维生素 B 和维生素 C 含量丰富。

延伸阅读：香料。

芥菜深绿色的叶子富含维生素。

界

Kingdom

界是一大群相关生物的组合。它是科学家用来对生物进行分组的科学分类中最大的类群。

同一个界中的生物具有一定的基本品质，因为它们来自同一个祖先。例如，所有植物都属于植物界。植物界中的成员都由一个以上的细胞组成，固着在一个地方而不移动，而且通常用阳光合成自己的食物。

界再分为更小的类群，称为"门"。藓类植物组成苔藓植物门。界有时被归到更大的类群——"域"。植物、动物、真菌和称为原生生物的小生物都属于真核生物。所有这些生物都有细胞核。

延伸阅读：科学分类；门。

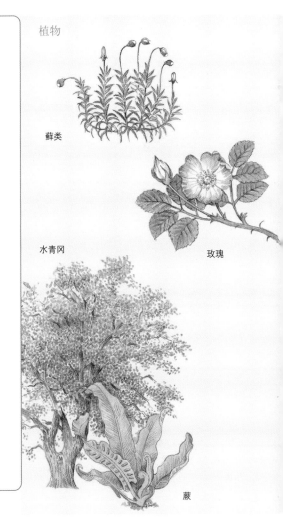

植物

藓类

水青冈

玫瑰

蕨

科学家将所有植物都分在一个界。动物、真菌、原生生物和微小的原核生物属于其他界。

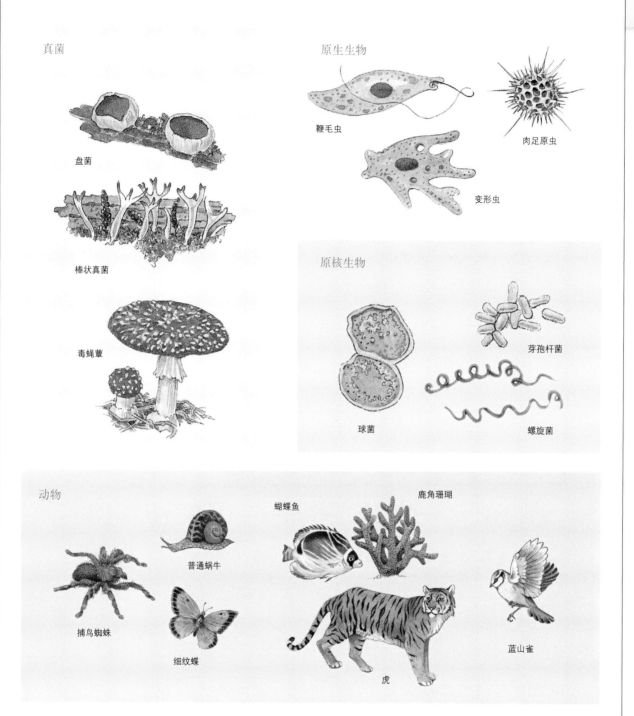

真菌

盘菌

棒状真菌

毒蝇蕈

原生生物

鞭毛虫

肉足原虫

变形虫

原核生物

球菌

芽孢杆菌

螺旋菌

动物

捕鸟蜘蛛

细纹蝶

普通蜗牛

蝴蝶鱼

鹿角珊瑚

虎

蓝山雀

堇菜

Violet

堇菜以蓝色和紫色花朵而闻名，被认为是最具吸引力的花之一。品种很多，也有些花开白色或黄色。堇菜生长在世界各地，早春开花。每朵花都长在细长的茎上。叶片有时会遮住五瓣花。堇菜包括常见的鸟脚堇菜和匍匐堇菜。"鸟脚堇菜"得名于其鸟脚形的叶子。匍匐堇菜也被称为"连帽堇菜"。狗堇（dog violet）得名则因为它没有甜味，它的英文名虽然和赤莲（dogtooth violet）很像，但赤莲是一种百合花。三色堇是一种在花园里很常见的堇菜。

延伸阅读：花。

堇菜

进化论

Evolution

进化论是关于生命在很长一段时间内发生变化或进化的科学理论。我们将这种变化称之为"进化"。进化出的不同种类的生物称为"种群"。进化论解释了为什么生物种类如此繁多，描述了物种如何随时间变化，也解释了生物如何适应环境。

许多进化改变是通过自然选择发生的。在自然选择中，一个物种里的个体天生具有不同的特征。

某些特征有助于个体生存和繁衍后代，它们把这些特性遗传给后代。没有这些特征的个体生存和繁衍后代的可能性较小。这样，随着时间的推移，有助于生存的特征变得越来越明显和普遍。

想一想树木如何为了阳光而相互竞争。他们利用阳光中的能量制造食物。长得高的树才能让树叶接触到阳光，而且可能会遮挡底下矮灌木的阳光。因此，只有长得高的树才能制造更多的食物和生产更多的种子，从而才有可能生存下来并繁衍后代。随着时间的推移，高大乔木比矮小灌木更为常见。

个体天生具有不同的特征，部分原因是基因的变化。基因是细胞内的化学指令，它指导生物如何生长。植物把基因传给后代。然而，基因有时会改变，这些变化称为"突变"。突变会形成新的特征。

自然选择决定了这些新特征是否会变得普遍。

进化也导致新的物种出现。事实上，进化论认为所有物种都是从单一的生命形式进化而来的。科学家认为第一个生命体出现在 35 亿年前，它是地球上数百万物种的共同祖先。因此，所有生物都是息息相关的。近亲物种有一个相对较近的共同祖先。例如，小麦和竹子是近亲，科学家已经确定它们是由 3000 万年前至 4000 万年前共同的祖先进化而来的；小麦和苔藓是远亲，科学家们已经确定它们是从生活在 4 亿年前的共同祖先进化而来的。

新物种以各种方式出现。当一个物种的个体被隔离时，就会进化出新物种。例如，植物有时会漂到大洋深处的岛屿上，于是，这些植物不再与生活在陆地上的同类接触。自然选择将会对岛上植物的不同特性进行优胜劣汰。

随着时间的推移，这些植物可能会与大陆上的植物大不相同，然后形成一个新的物种。

英国科学家达尔文在 1859 年写的一本书中描述了自然选择的进化论。这本书就是《物种起源》。

如今，几乎所有的科学家都相信进化论是正确的。但有些人因为宗教原因不接受进化论。

延伸阅读： 适应；达尔文；灭绝；化石；基因；自然选择；物种。

生长在挪威松林山坡上的苔藓。苔藓喜欢潮湿环境，在古老悠久的森林里更丰富。

新西兰的剑叶巨朱蕉是只在新西兰岛上发现的特有植物之一。新的物种经常在岛屿上不断进化。

茎

Stem

　　茎是植物的一部分。它生长并支撑芽、叶、鲜花和果实。大多数植物的茎将其叶片高举在阳光中，叶片利用阳光来制造养分。茎也将水和矿物质从根部输送到叶片，同时把叶片中合成的养分输送至植物的其他部分。

　　大多数植物都有茎，但不同植物的茎拥有不同的尺寸和外观。例如，生菜有非常短的茎，在硕大的叶片下，几乎难以看到它的茎。而加利福尼亚州的巨杉的树干却非常巨大，直径可达 3.7 米，高度超过 100 米。

　　大多数植物的茎都从地面往上长。也有少部分植物的茎长在地下或沿着地面生长。

　　延伸阅读： 芽；花；果实；叶；生菜；红杉（巨杉）。

大多数植物的茎上都长着花和叶片。茎分木质的或草质的。木质茎的表面粗糙并呈棕色。草质茎则光滑，呈绿色。

木质茎　　　　　草质茎

菊花

Chrysanthemum

　　菊花是一种香味浓郁、花朵美丽的植物。花色有白色、黄色、粉色或红色等。许多独立的花组成了花丛。菊花这个英文名字来自两个希腊单词，意思是金色的花。菊花品种很多。

　　菊花容易种植，可以扦插或分株栽培。大多数都是多年生植物。

　　菊花被称为"东方之花"。亚洲国家的人们种植菊花已有 2000 多年的历史。公元 4 世纪在中国出现了著名的爱菊诗人陶渊明。菊花在日本长得也很好。公元 797 年，日本统治者把这种花作为他的个人象征，下令菊花只能由皇室使用欣赏。十月，日本人庆祝菊花节。如今，菊花在许多气候温和的地方生长。

　　延伸阅读： 花；多年生植物。

菊花

巨人柱

Saguaro

巨人柱是美国最大的仙人掌。它可以长到 18 米高，形状像一棵高大的树，树干很大，有分枝，呈烛台状，重达 10 吨。

巨人柱只生长在美国西南部和墨西哥西北部的沙漠中。它的花是亚利桑那州的州花。在五六月份，巨人柱会开出白色的花，花的形状像漏斗，开在茎顶附近的刺座上，长 8 ～ 10 厘米。蝙蝠、鸟类和昆虫会采食花里面的花蜜。

延伸阅读： 仙人掌；沙漠。

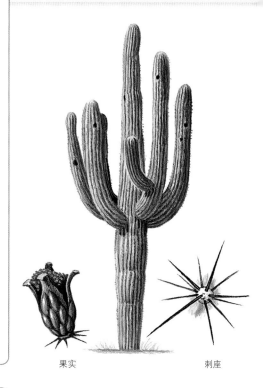

巨人柱

果实   刺座

卷丹

Tiger lily

卷丹是一种高大耐寒的花卉。许多卷丹有橙红色花瓣，上面有黑色斑点，花瓣看起来像是老虎的外皮，有些卷丹则有红色、白色或黄色的花瓣。卷丹是流行的园林花卉。

卷丹的茎为绿紫色或深棕色。它们可以长到 1.2 ～ 1.5 米高。一根茎上可开多达 20 朵花。叶子形状像长矛。

卷丹是从称为球茎的地下部分长出的。它们在明亮的阳光下生长最好，在夏末开花。卷丹原产于中国、日本和韩国。如今，它们是北美洲和欧洲的一种受欢迎的园林植物。

延伸阅读： 鳞茎；花。

大多数卷丹有带黑色斑点的橙色花瓣。

卷心菜

Cabbage

卷心菜是一种多叶蔬菜，它的叶子紧紧包裹形成一个又硬又圆的叶球。卷心菜最初生长在英国和法国西北部。如今，世界上许多地方的人都种植卷心菜。它是一种营养丰富的食物，人们用它拌色拉或者加热食用。卷心菜还被用来制作一种很受欢迎的食物，叫作"酸菜"。

卷心菜与花椰菜、抱子甘蓝、西兰花和芜菁关系密切，都是由小种子长成的。大多数农民通过播种繁殖种植卷心菜，家庭园艺师则直接在花园里种植幼小的卷心菜，幼苗将会慢慢长大。

延伸阅读：西兰花；抱子甘蓝；花椰菜；芜菁。

卷心菜有光滑的、淡绿色的叶子。

蕨类植物

Fern

蕨类植物是不产生花或种子的植物。它们有植物世界中最美丽的叶子，这些叶子叫作"蕨类叶"。

蕨类植物具有较高的观赏价值，适合花园和室内种植。

蕨类植物有成千上万种，大多数生长在潮湿阴凉的地方。除了最干旱的沙漠和最寒冷的地区，在世界各地都能看到它们的身影。在有些地方，蕨类植物长得和树一样高。

蕨类植物有茎、不定根和叶。茎为植物储存食物，有可能活100年或更长时间，根也是。根把茎固定在地上，吸收水分和营养物质。一般蕨类植物的叶子兼具进行光合作用制造有机养料和产生孢子进行繁殖的功能，通常只能存活1～2年。几乎所有的植物都是通过种子繁殖的，但是蕨类植物会释放一种叫"孢子"的微粒。这些孢子落到地面上，长成小的心形原叶体。这些原叶体产生精子和卵子，受精卵发育成新的蕨类植物。

蕨类的孢子在植物叶子的下面以小簇的形式生长。这些团簇是由一种叫"孢子囊"的小荚状部分组成的。每个孢子囊分裂并释放出孢子，然后这些孢子落在下面的地上。

蕨类植物是生活在陆地上最古老的植物之一。科学家认为蕨类植物出现于4亿～3.5亿年前。早在恐龙出现之前，蕨类植物就在覆盖地球的森林中很常见。这些森林中的植物在广阔的沼泽中生长，后来被埋藏在地下形成了大量的煤炭。

延伸阅读：森林；孢子。

咖啡

Coffee

咖啡是一种由经过烘焙的咖啡豆磨碎制成的饮料，是流行于世界上几乎每个国家的主要饮品。

咖啡是重要的经济作物，分布于东南亚、印度、阿拉伯、赤道非洲、夏威夷、墨西哥、中美洲和南美洲以及加勒比群岛。巴西是咖啡的主要种植国。

咖啡树叶片光滑，花白色。它的果实被称为"浆果"。大多数果实都由手工采摘然后进行清洗。每个浆果内藏两粒种子，即是我们熟悉的咖啡豆。最初豆子是软的，呈蓝绿色。后慢慢变硬，呈淡黄色。这些豆子被晾几个星期后，去掉外皮，装在布袋里运到外面烤。烤过后，豆子被储存起来，直到它们可以被磨成小块。磨碎的咖啡被打包出售。

咖啡中含有咖啡因，这是一种可以使人保持清醒和警觉的物质。有些人喜欢喝不含咖啡因的咖啡，这种咖啡叫"无咖啡因咖啡"。

延伸阅读： 豆类；浆果。

每个咖啡果实通常含有两粒咖啡豆。

咖啡黄葵

Okra

咖啡黄葵也叫"秋葵"或"黄秋葵"。人们种植咖啡黄葵，它的嫩荚可以当作蔬菜食用。果荚可以炸或在炖菜或汤中煮，也可以用来腌制。果荚幼嫩的时候就可以煮熟装罐了。

咖啡黄葵可以长到 2.4 米高，开黄绿色花。大多数果荚可以长到 15 厘米长。于春天播种。

咖啡黄葵原产于非洲，但世界各地都有食用，在美国南部尤其受欢迎，它是南方传统炖菜秋葵汤的主要原料。

延伸阅读： 种子；蔬菜。

咖啡黄葵

卡弗

Carver, George Washington

卡弗（1864？—1943）是一位非裔美国科学家。他因对土壤和农作物的研究而闻名于世。卡弗在"花生"的研究领域有非常卓著的成绩。他用花生研制了 300 多种衍生品，包括爽身粉、打印机油墨和肥皂。

卡弗出生于密苏里州一个农场的奴隶家庭。当他还是个婴儿时，他的父亲在一次事故中丧生，他的母亲被绑架了。卡弗是由他的主人摩西和苏珊卡弗抚养长大的。直到 1865 年，美国取缔奴隶制度，他从奴隶地位获得解放，卡弗夫妇收养了他，教他读书写字。11 岁时，他去了密苏里州一所非裔美国儿童学校。

卡弗在爱荷华州立农业学院（今爱荷华州立大学）上的大学。然后他搬到了阿拉巴马州，在特斯基吉学院（今特斯基吉大学）教书。在特斯基吉，他研究土壤，找到了让庄稼高产的方法。他还教南方农民，特别是黑人农民如何使用现代农业技术。

1910 年，卡弗开始研究花生，周游美国，宣传花生的价值。他还致力于改善黑人和白人之间的关系。他在职业生涯中获得了许多奖项。

卡弗（左二）因农业研究而闻名于世。他在阿拉巴马州特斯基吉学院教书。

康乃馨

Carnation

康乃馨是一种有缤纷艳丽花朵的植物，有着独特而宜人的香味。开蓝色、粉色、紫色、红色、白色或黄色花，全年开花。高 30 ~ 90 厘米，喜欢透气、肥沃的土壤。

康乃馨最初来自南欧，现在分布于世界各地。

康乃馨栽培历史悠久，经常作为宴会花束花材使用，也被用作西服的翻领花。康乃馨是一月的代表花卉。鲜红的康乃馨是美国俄亥俄州的州花。

延伸阅读： 花。

康乃馨

科

Family

科，是生物分类法中的一级，组群里的生物通常关系密切。生物学家把每一种生物按七大类群分类，这些类群分别为界、门、纲、目、科、属和种，每一类群由许多更小的类群组成。例如，一个科由不同的属组成，一个属由不同的种组成。群体越小，其成员就越相似。比如，"科"内个体之间的关系比"目"内的亲缘关系更为密切，"属"则比"科"更密切。

人们把生物分成许多"科"。玫瑰属于蔷薇科，禾草属于禾本科。

延伸阅读： 纲；科学分类；属；界；目；门；物种。

玫瑰属于蔷薇科。

科学分类

Scientific Classification

　　科学分类是科学家把植物、动物和其他生物分成不同群组的方式。分类是指分组。在一个群组中的所有生物在某些方面是相似的。例如，植物被放在一个群组中是因为它们有许多共同的特点。一个重要的相似之处是，大多数植物可以利用阳光自己制作食物。它们是相似的，因为它们都彼此相关。将生物分类成组的学科也称"生物分类学"。

　　科学家通过观察许多特征来确定如何对植物进行分类。他们观察植物如何繁殖，研究植物种子的形状，观察花、树叶和树皮的性状。如今，科学家用来给植物分类的最重要的方法之一是检测基因。基因是细胞内表达植物如何生长的微小结构，亲缘植物的基因有很多共通性。

科学分类的最高级类群是"界"。常见的高毛茛（*Ranunculus acris*）分列在包括所有植物的"界"内。最低的分类是"种"，它只包括高毛茛。等级较高的植物与等级较低的植物之间亲缘关系较弱。

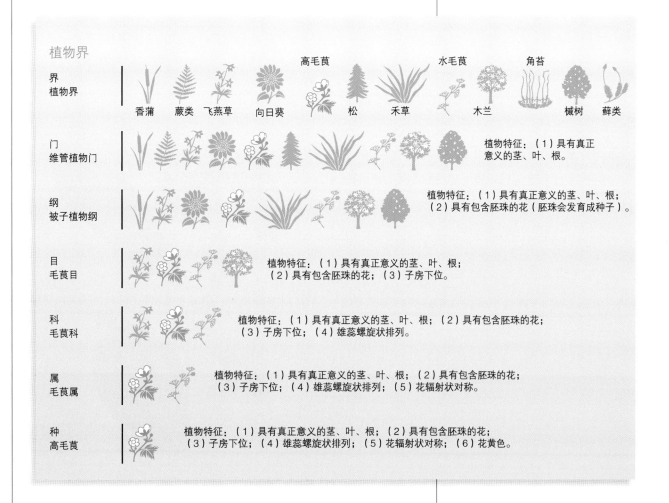

植物界

界
植物界

高毛茛　　　　　　水毛茛　　　角苔

香蒲　蕨类　飞燕草　向日葵　　松　禾草　　木兰　　　　械树　薛类

门
维管植物门

植物特征：（1）具有真正意义的茎、叶、根。

纲
被子植物纲

植物特征：（1）具有真正意义的茎、叶、根；（2）具有包含胚珠的花（胚珠会发育成种子）。

目
毛茛目

植物特征：（1）具有真正意义的茎、叶、根；（2）具有包含胚珠的花；（3）子房下位。

科
毛茛科

植物特征：（1）具有真正意义的茎、叶、根；（2）具有包含胚珠的花；（3）子房下位；（4）雄蕊螺旋状排列。

属
毛茛属

植物特征：（1）具有真正意义的茎、叶、根；（2）具有包含胚珠的花；（3）子房下位；（4）雄蕊螺旋状排列；（5）花辐射状对称。

种
高毛茛

植物特征：（1）具有真正意义的茎、叶、根；（2）具有包含胚珠的花；（3）子房下位；（4）雄蕊螺旋状排列；（5）花辐射状对称；（6）花黄色。

每一种特定的生物都有一个由两部分组成的科学名称。每个部分都是一个单词,通常用拉丁语或希腊语表达。例如,小麦的学名是 *Triticum aestivum*。前一个单词介绍了该植物属于哪个"属",第二个单词介绍了这种植物的种类。在一个"属"中通常有两个或两个以上不同的"种"。例如,硬粒小麦主要用来做意大利面,它与普通小麦关系密切,属于同一"属"。硬粒小麦的学名是 *Triticum durum*。

全世界的科学家都用同样的科学名称来命名一种植物,而日常生活中人们经常用不同的名字称呼同一种植物。例如,雏菊、英国雏菊和马兰花是同一种植物的不同名称,但是科学家们总是称这种植物为 *Bellis perennis*。同样,许多其他的植物也被称为雏菊,但每一个都有自己的拉丁文名称。

生物领域中的阶元分类系统由七个主要的分类群组成,这些类群被称为界、门、纲、目、科、属和种。从最大的组群到最小的组群排序,每一组群是由紧随其后的小组群组成的。例如,一个纲由许多不同的目组成,一个目由许多不同的科组成。组群越小,其中的生物关系就越密切。

各种各样的植物构成了整个的植物界。"界"包含许多"门"。例如,苔藓植物组成了苔藓植物门,开花植物组成了有花植物门。每一个分支都可以进一步划分为纲、目、科和种。

延伸阅读: 藻类;纲;科;真菌;基因;属;界;林奈;目;植物;种。

可可

Cacao

可可是一种常绿树,其种子被用来制作巧克力。可可的种子是制造可可粉和可可脂的主要原料,而可可脂是一种用来制作糖果的稠油。可可的种子长在一个长达 30 厘米的瓜形果荚里,种子大小和青豆差不多,颜色从浅棕色到紫色不等。

人们在中美洲和南美洲、加勒比群岛、东南亚和西非种植可可树。树高约为 7.6 米。在野外,它们会长得更高。墨西哥和中美洲的人们曾经将可可豆作为货币使用。

延伸阅读: 豆类;种子;乔木。

4.6 ~ 7.6 米高

叶

可可豆

果荚

块茎

Tuber

　　块茎是加粗并膨大的茎，通常在地下生长，土豆和薯蓣都是块茎。

　　块茎上的小叶类似鳞片。它们会在芽眼中长出微小的芽，可以萌发出新的植株。植物从块茎中获取营养直到它们长出新的叶和根，然后新的植株就可以自己生长了。这有助于像马铃薯这样的植物快速生长并扩散。

　　延伸阅读： 芽；土豆；再生；茎；薯蓣。

块茎，比如马铃薯，在地下生长，并长出小的茎和芽。

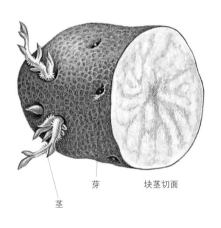

芽　　　块茎切面

茎

拉马克

Lamarck, Chevalier de

拉马克（1744—1829）是一位法国科学家。他是最早提出进化论的科学家之一。进化是生物世世代代缓慢变化的过程。拉马克发现，植物和动物会随着它们的环境而变化。成年个体随后将这些变化传递给它们的后代。例如，拉马克认为，长颈鹿伸长了脖子去吃树上的叶子，结果是它们生下了有长脖子的下一代。

拉马克关于进化的观点影响了英国科学家达尔文。达尔文提出了一种如今几乎为所有科学家都接受的进化论观点。拉马克在对生物一生中所发生变化的认识上发生了错误，这样的变化一般不会遗传给下一代。相反，生物主要通过一个称为"自然选择"的过程来进化。在自然选择中，那些具有优势特征的生物在一定的栖息地中更有可能生存并产生后代，这个趋势导致了有用特征的传播。

拉马克于1744年8月1日出生于法国巴藏丹(Bazentin)。1788年在巴黎皇家植物标本馆作管理员，1793年被任命为自然历史博物馆动物学教授。他于1829年12月18日去世。

延伸阅读：达尔文；进化论；自然选择。

拉马克

辣根

Horseradish

辣根是一种香草类植物。它具有长长的叶片、膨大的主根和一些侧根。主根用来制作一种辛辣的佐料，通常作为生切牛肉片的配菜。

准备辣根时，首先将根研磨成碎屑，然后保存在醋里。整根保存通常可以长时间保持其辛辣味。

在辣根收获期间，工人会将侧根切除。这些根被用于栽植下一季的辣根。辣根原产于欧洲。

延伸阅读：香草类植物；根。

辣根

来檬

Lime

来檬是一种绿色的、小个的果实。它呈圆形，两端有小小的凸尖，形状很像与它相似的柠檬。来檬也像柠檬一样酸。

人们通常不会像吃水果一样直接吃来檬，而是用来给食品和饮料调味。

来檬种植在温暖的气候区。树高只有大约 3 ~ 3.7 米。白色的鲜花开满了整棵树，从开花到果实成熟大约需要 3 ~ 4 个月。

来檬最初分布在印度。如今，它们在地中海周边国家、加勒比地区和墨西哥都有种植。加利福尼亚州和佛罗里达州也有种植，这两个地区生产了美国大部分的来檬。美国市场上最常见的是波斯来檬，而较小的墨西哥来檬有时也可见到。

延伸阅读： 果实；柠檬。

来檬是绿色的柑橘类水果，在树上成簇生长。

兰科植物

Orchid

兰科植物典雅美丽，形状颜色丰富，全科有成千上万种。

野生兰科植物分布遍及全球，大多数种类喜欢雨水充足的地方。它们生长在树干和树枝上。在较凉爽的地区，地生兰科植物较为常见。兰花有些矮至 0.6 厘米高，有些长在高达 30 米的藤蔓上。

"跳舞小丑"树兰

兰科植物的香味和花型可以吸引某些种类的动物。例如，许多兰花看起来或闻起来像雌蜂，这些兰花吸引雄蜂，通过动物传播花粉。花粉是开花植物用来繁殖的微小颗粒，是动物把花粉从一朵花带到另一朵花来帮助完成受精繁殖过程。

兰花因其美丽而受到珍视。人们在花园和温室里种植兰花。香荚兰提供香草调味料。许多种类的野生兰花已变得稀有，濒临灭绝。

延伸阅读： 花；花粉；香荚兰。

蝴蝶兰 (*Phalaenopsis*) 得名是因为它们看起来像飞蛾，植物学家林奈还把一群大蛾子命名为 *Phalaena*。

蜘蛛兰

蓝铃花

Bluebell

蓝铃花是一类有蓝色花朵的植物，形状像铃铛，种类很多。

圆叶风铃草分布在欧洲、亚洲和北美洲，生长在草地和山坡上。

弗吉尼亚滨紫草来自北美洲，它也被称为"弗吉尼亚流星花"，是春季最美丽的野花之一。它的花长在枝叶繁茂的茎上，茎高30～38厘米，生长在河流附近或潮湿的山坡上。

蓝铃花的茎粗壮柔韧，所以能抵御狂风。花朵下垂，保护花粉免受雨水和昆虫的侵袭。

延伸阅读：花。

圆叶风铃草

蓝细菌

Cyanobacteria

蓝细菌是一种微小的生物，它们利用阳光自己制造食物。蓝细菌通常生活在水里，也有些生活在土壤里。它们有时被称为"蓝藻"，但蓝藻不是真正的藻类。相反，它们是一种细菌。它们的颜色可能是蓝绿色、黑色、棕色或粉红色。大多数蓝细菌只有用显微镜才能看到。

许多蓝细菌以个体细胞的形式存在；另一些则以长串细胞形式存在。蓝细菌在海水中特别常见。

它们有时形成五颜六色的生长区域，大量繁殖，这些物质为许多其他生物提供了食物。一些蓝细菌在河流、湖泊和海洋沿岸的岩石上形成光滑、深色的涂层。

蓝细菌通过光合作用来制造自己的食物，这个过程需要水和二氧化碳气体。光合作用利用这些成分和阳光中的能量来制糖，同时放出氧气。事实上，蓝细菌提供了动物呼吸的大部分氧气。

延伸阅读：藻类；光合作用。

蓝细菌是一种利用阳光中的能量制造食物的细菌。

冷杉

Fir

冷杉是一种漂亮的常青树，与松树是近亲。冷杉有很多种，分布在世界各地，尤其是山区。最大的冷杉树是"高大冷杉"，它能长到 75 米高。

冷杉的树梢呈狭窄的金字塔形状，针叶，但不像松树针叶那样硬而锋利，手感较软，闻起来很香。许多冷杉用作木材或用于造纸，或当作圣诞树。

延伸阅读： 针叶树；常绿植物；松树；乔木。

| 18 ~ 70 米 | 针叶 | 球果 | 树皮 |

加州红冷杉生长在加利福尼亚和俄勒冈州南部的山区。

狸藻

Bladderwort

狸藻是一种水生植物，得名于它的绿色或棕色的小肿块，这些肿块被称为"捕虫囊"，生长在叶子和茎上。捕虫囊会捕捉小昆虫和蠕虫美餐一顿。这种以动物为食的植物被称为"食虫植物"。

大多数狸藻类植物生长在水下，也有一些生长在沼泽中。有许多不同种类的狸藻类植物生长在世界各地。

狸藻类植物的茎弱小，没有根，开黄色或紫色的花。这些花从水下探出头来。捕虫囊的一端有一个小洞，里面有许多小毛发。当昆虫接触到毛发时，捕虫囊就会裂开，这就产生了一种将昆虫吸入捕虫囊的作用力。

延伸阅读：食虫植物。

狸藻

梨

Pear

梨是一种生长在树上的水果。梨的皮薄而光滑，呈黄色、红色或棕色；果肉白色或黄色，有一种香甜味。梨肉的中心有一个像苹果一样的空心核。梨核最多可容纳10粒种子。

有些梨的品种一端又大又圆，另一端细细长长，其他品种则几乎完全是圆的，还有些长得像樱桃那么小。梨树生长在世界各地的温暖地区，和苹果树关系密切。梨属植物有数百个不同的品种。

延伸阅读：苹果；果实；乔木。

花

带种子的果核

许多种类的梨底部很宽，顶部细长。梨的果核看起来与苹果的果核很像。

李子

Plum

果肉

果核

果实

树

李子是一种受欢迎的水果。人们吃生的李子，也把李子制成果酱、果冻和蜜饯。有些则把李子干燥后制成果干。

李子具有薄而光滑的果皮。果肉多汁而甜美。果实的中心有一个坚硬的果核。李子形状有心形的、椭圆形或圆形的。果实的颜色有黑色、蓝色、绿色、紫色、红色或黄色等。李子树在早春会绽放美丽的白色花朵。这些花朵发育成果实，在夏末成熟。

延伸阅读： 花；果实。

李子树开白色的花朵，美味的果实就由这些花发育而来。

莲

Lotus

莲是生长在水中的许多种植物的一个通称。最著名的莲即亚洲莲，俗称"荷花"。美洲莲也广为人知。它们在野外有分布，同时，也被种植在水生植物园。

莲一直被认为是纯洁的象征。它在亚洲的许多地方都被视为是神圣的花，还是印度和越南的国花。

美洲莲也被称为"美洲黄莲"和"黄莲"，它的黄色花朵和叶子长在粗壮的茎上。花朵高出水面约 60～90 厘米。

延伸阅读： 睡莲。

莲的花朵盛开在水面之上 60～90 厘米处。

粮食

Grain

谷类植物是最重要的粮食作物。在世界各地，农民种植小麦、玉米、稻、大麦、高粱、燕麦、黑麦和谷子等农作物。人们将粮食作为自己的食物和动物的饲料。一些粮食被煮熟并整个儿吃掉，但更多的是被磨成细粉，这种粉末被制成面粉、粗粉、糖浆、油或淀粉。这些产品通常用来制作面包、早餐麦片和食用油等食物。

小麦是世界许多地区最重要的粮食。大多数小麦被研磨成面粉并用于烘焙和制作面食。对于大多数亚洲人来说，稻是主要的粮食。稻通常煮熟后食用，也可以制成米粉。黍是非洲和亚洲干旱地区重要的食物来源。所有粮食都可以制成牲畜饲料。在美国，最广泛用作牲畜饲料的粮食是玉米、高粱和燕麦。粮食也用来制作啤酒、威士忌和其他酒精饮料。粮食还可以用来制造燃料、化妆品、药品、塑料和许多其他产品。

延伸阅读： 大麦；谷物；农作物；农场和耕作；燕麦；稻；黑麦；种子；小麦。

小麦

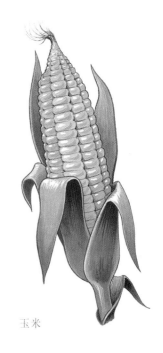

玉米

大麦

黍

燕麦

林奈

Linnaeus, Carolus

林奈 (1702—1778) 是一位重要的瑞典科学家, 他建立了植物和动物命名的科学系统。在这个系统中, 每一种生物都具有一个学名。学名由两部分组成, 第一部分是它所在的属; 第二部分是它的种, 表示特定种类。例如, 普通小麦的学名是 *Triticum aestivum*, 其中 *Triticum* 是属名, *aestivum* 是种名。

林奈出生于瑞典斯莫兰。他在学校里学习医学, 并对植物产生了兴趣。他将他所知的几乎全部植物都做了详细的记录, 这些笔记最后都成为了他的著作。

林奈在荷兰获得了医学学位并回到瑞典行医。他随后于1742年成为了乌普萨拉大学的一名植物学教授。

林奈创建了一个为植物和动物命名的科学系统。

林学

Forestry

林学是研究森林的形成、发展、管理以及资源再生和保护利用的理论与技术的科学。从事林业工作的人称为"林务员"。

森林对维系整个地球的生态平衡起着至关重要的作用。森林里的植物释放氧气, 供人类和其他动物呼吸。人们通过树木获取木材, 使用的水也可能来自森林。森林为许多野生动物提供食物和住所, 是畜牧的理想场所。人们还喜欢在森林里露营、远足和野餐。

林务员的工作是保证森林的健康生长。他们不断地植树造林, 所以森林中有许多不同树龄的树。他们同时研究并控制有害昆虫和疾病。在许多地方, 林务员协助指导规划如何有效采伐树木。

护林员在苗圃里种苗, 然后在森林中种植和移植苗木, 以帮助维护森林健康。

林务员测量一棵成熟的花旗松的生长情况。

林务员有时会放火来清理森林地面。

当然，他们也参与森林动物管理，维持森林中动物数量与食物、水和栖息地之间的平衡。一些林务员建造森林露营地，这样人们享受森林环境的同时可以不对它们造成伤害。

如果许多老树很干燥，就容易引发森林大火，林务员们一般从瞭望塔或飞机上巡视以防火情隐患。一旦发现意外，他们立刻向那些处于危险中的人们发出警告。危及生命或财产的森林大火需要人们提高警惕，但是某些大火又有着积极的作用，比如可以清除老树或密集植被，使森林重新培育新树生长。

延伸阅读： 保护；森林砍伐；森林；木材。

如何取得木材？

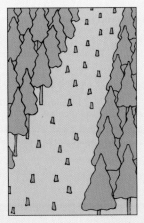

皆伐法是指在一年或一个采伐季节里，将一块林内的林木全部伐光，这是为了空出充足的阳光，使新的幼苗可以在其中生长。

渐伐指在较长期限内（一般不超过一个龄级）分次伐掉伐区内全部成熟林木的森林主伐方式。又称"遮荫木法"或"伞伐法"。

种子树采伐在该地区留下一些分散的树木，为新作物提供种子来源。

择伐是在预定的森林面积上定期地、重复地采伐成熟的林木和树群，为新树和幼树腾出空间。

磷

Phosphorus

磷是所有生物生存和生长所必需的一种化学物质。它通常以磷酸盐的形式存在于自然界，常存在于岩石中。

植物从土壤中吸收磷。它们需要磷来进行光合作用，即利用阳光中的能量制造食物。单个植物细胞也需要磷，磷是细胞中用来提供能量的物质的组成部分。

农民经常在土壤中添加磷肥来帮助作物生长。雨水可能会把这些磷带入河流和湖泊等水道。这种磷会导致一种叫作"藻类"的微生物快速繁殖。藻类的突然增加，也被称为"赤潮"，会迅速消耗水中的氧气，缺氧会导致鱼类和其他生物的死亡。因此，水中磷含量的增高被认为是一种污染。

磷在环境中以磷循环的过程流动。这些运动在不同的地方以不同的速度发生。

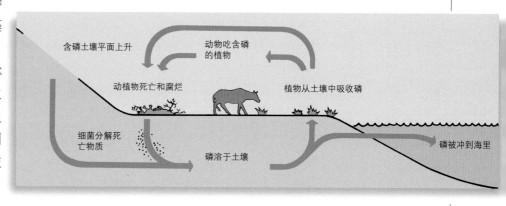

含磷土壤平面上升　动物吃含磷的植物　动植物死亡和腐烂　植物从土壤中吸收磷　细菌分解死亡物质　磷溶于土壤　磷被冲到海里

鳞茎

Bulb

鳞茎为地下变态茎的一种，可以长成植株。通常为圆形，短缩呈盘状，其上生着肥厚多肉的鳞叶，内贮藏极为丰富的营养物质和水分。从鳞茎盘的下部可生出不定根。

鳞茎在生长期储存养分。植物在地上部分死亡时，地下部分仍然存活。当下一个生长季节到来时，鳞茎就能抽芽。储存在鳞茎内的营养物质帮助其生长。最后，芽长出地面，然后产生茎、叶和花。

有些鳞茎可从其上发育出花茎，包括郁金香、洋水仙和水仙。洋葱和大蒜是可以食用的鳞茎。

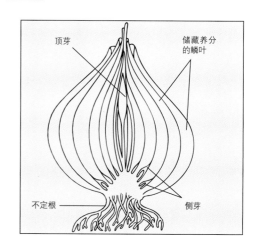

顶芽　储藏养分的鳞叶　不定根　侧芽

鳞茎为植物生长储存能量。芽会生长成茎、叶和花。侧芽将发育成独立的芽。

铃兰

Lily of the valley

铃兰是一种芬芳的花卉。每一朵花的形状都像一个小铃铛。它分布于北美洲、欧洲和亚洲的北部。野生的铃兰生长在北美洲东部阿勒格尼地区的南部。

铃兰纯白色的美丽花朵呈钟形,它们沿着细长的茎开放。花梗从根状茎上长出来,上面通常有 2～3 片宽卵形的叶片。铃兰植物需要肥沃的、排水良好的土壤,在荫蔽处生长良好。

铃兰是一种在春末开花的多年生植物。而在温室里,它在任何季节都能开花。铃兰经常被用作新娘的捧花。种在户外的铃兰可以连续生长许多年而不需要移栽,温室里则需要经过约 18℃的温度处理才能开花。

铃兰以其芬芳而闻名。一种叫作"金色的水"的法式花露水就是由铃兰的花制成的。

延伸阅读: 花;根状茎。

铃兰

柳树

Willow

柳树是一类乔木或灌木,枝条柔韧,叶狭长。柳树有很多种,垂柳有秀美的垂枝,褪色柳有毛茸茸的花。最小的柳树是一种大约 2.5 厘米高的灌木,主要生长在非常寒冷的地区。最大的柳树则超过 37 米高。

柳树通常生长在水边,在潮湿区域,柳树的根可以吸收水分而使土壤干燥。柳树还能遮荫和防风。柳条很软,方便造型,常被用来做篮子和家具。

延伸阅读: 灌木;乔木;木材。

9～18 米高

叶片   果实   树皮

黑柳主要生长在北美东部。

柳枝稷

Switchgrass

柳枝稷

柳枝稷是一种高大的、来自北美洲的草本植物，高可达 2 ~ 3 米。它的茎秆簇状生长，密密实实。

柳枝稷茎端长成羽状，叶片呈黄绿色至蓝绿色，长约 30 厘米。

柳枝稷曾一度覆盖了美国大平原上高草草原的大部分面积，为大量的水牛、鹿和羚羊提供了食物。大多数柳枝稷在 19 世纪后期被摧毁。人们将柳枝稷深翻耕以种植庄稼。

科学家正在研究柳枝稷作为生物燃料来源的可行性。生物燃料由植物部分或其他生物的遗骸加工而成，可用于替代汽油等传统燃料。生物燃料是可再生能源，可再生意味着可能会有无限量的燃料供应。传统燃料，如汽油，是不可再生的，最终都会用完。然而，由柳枝稷制成的生物燃料价格昂贵，除非科学家们开发出更便宜的方法进行精炼，否则柳枝稷不会成为主要的燃料来源。

芦荟

Aloe

芦荟是一类多肉质的草本植物，有很多种类。这些植物原产于中东、马达加斯加和非洲南部。它们通常生长在气候温暖的地区。

芦荟的高度从几厘米到 9 米或更高。许多种类的芦荟的叶子变得非常大。它们尖尖的，叶常披针形，边缘有尖齿状刺；簇生、大而肥厚，呈座状或生于茎顶；总状花序，黄色或红色，花被基部多连合成筒状。

库拉索芦荟是一种常见的室内植物。农民们也经常种植。这种芦荟也被称为"巴巴多斯芦荟"。

它的叶片里含有丰富的胶质。制造商在低温下加热这种汁液来生产粉末和凝胶。制造出的芦荟凝胶被用来做护肤霜、洗发水、防晒乳液和其他产品。研究表明芦荟凝胶在治疗烧伤和冻伤方面是有效的。

某些非洲的芦荟种类的叶片里有很多纤维。这些纤维被用来制造绳子、渔网和布。另一些更好的纤维用来制作花边。还有一些芦荟被用来制造紫色染料。

芦荟

芦笋

Asparagus

芦笋是一种营养丰富的绿色蔬菜。人们吃芦笋的嫩茎，这些茎被称为"肉质茎"。食用芦笋可以有效补充蛋白质、维生素和矿物质。新鲜芦笋要慢慢煮至软，保证颜色碧绿鲜艳时出锅，这将确保最佳的口感和最高的营养价值。

芦笋起源于地中海地区和非洲。这种植物最适宜于四季分明、气候宜人的温带地区栽培，一般以土质疏松、富含有机质、排水好、保水力较强的土壤为宜。芦笋是一种多年生植物，寿命超过两年以上。它可以持续 15 ~ 25 年生产嫩茎。

文竹是同类植物，是常用的插花材料，家养也很受欢迎。

延伸阅读： 多年生植物；蔬菜。

芦笋

绿洲

Oasis

绿洲是沙漠中地下水接近地表的区域。沙漠的地下有着丰富的水源，流淌着一条条地下河。这些地下河的水来自附近的高山。高山上积有厚厚的冰雪，夏季冰雪消融，雪水慢慢地从地下岩石流到沙漠的低谷地段，隐匿在地下的沙子和黏土层之间，形成地下河。这些地下水滋润了沙漠上的植物，也可供人畜饮用，给沙漠带来生机，形成了一个个绿洲。

沙漠地区的土壤通常能够满足植物的生长需要。因为绿洲有水，所以人们居住的大部分都是农业区。有些绿洲太小了，只有少数人能住在那里。还有一些绿洲可以种植足够的农作物来养活数百万人。

在沙漠中，沿着终年淡水源不断的永久溪流的肥沃、植被繁茂的地区，有时也称为绿洲。位于幼发拉底河沿岸的伊拉克首都巴格达就是这样一个地区。

延伸阅读： 沙漠。

绿洲是沙漠中地下水接近地表的区域。北非的撒哈拉沙漠各处散布着绿洲。

罗勒

Basil

罗勒是一种用于调味的香草类植物，有很多种类。我们最熟悉的罗勒也叫"甜罗勒"，有锯齿状的叶子和紫色的小花，高约 30 厘米。

人们在汤、色拉、肉类和一些面食上使用新鲜或干燥的罗勒叶。

延伸阅读： 香草类植物。

罗勒

萝卜

Radish

萝卜是一种根部具有清脆口感的植物。人们可以直接生吃它的根，通常被切成薄片用在色拉里或整根食用。

萝卜有圆形的，还有椭圆形的，其他的是长而尖的；颜色有红色、白色、黄色、粉红色、紫色、黑色，或红白相间的；重量有不到 30 克或超过 1 千克的。

萝卜在凉爽的气候中生长最好，通常在种下后 20 ~ 60 天收获。许多人在自家的花园里种植萝卜。

延伸阅读： 根；蔬菜。

法国早餐   美女樱桃   猩红球体   雪白冰柱

萝卜有很多种不同的形状、大小和颜色，还有许多可爱的名称。

裸藻

Euglena

裸藻是一种微小的单细胞生物，大约有 150 种。他们生活在淡水中。大多数裸藻在温暖的气候里繁殖，可能在池塘或排水沟表面形成绿色浮渣。

裸藻只有用显微镜才能看到，长度范围从 0.025 ～ 0.25 毫米不等。大多数裸藻是绿色的，含有叶绿素。和植物一样，裸藻也能从阳光中获取能量。一些裸藻吃水中的微小生物，它的身体状如一根小棍子，有一个鞭状的部分叫作"鞭毛"，它利用鞭毛在水中移动。

延伸阅读：叶绿素；鞭毛。

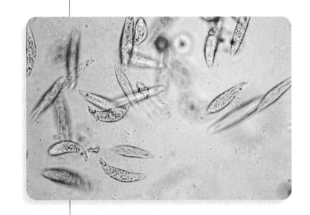

裸藻

裸子植物

Gymnosperm

裸子植物是一个种子裸露或未被覆盖的庞大的植物类群，是最大和最古老的现存植物之一。地球上有成百上千种裸子植物，大多数是结球果的常绿树种，它们的种子长在球果中。裸子植物没有花。直到大约 1.3 亿年前，裸子植物一直是地球上唯一的种子植物。如今，大部分植物是被子植物，它们在种子外有一层保护构造。同时，它们有花朵和果实。

针叶树构成了裸子植物的最大类群，它们包括松、冷杉、云杉和香脂冷杉等树木。不寻常的裸子植物有苏铁和银杏。苏铁类似于有一个大球果的棕榈状植物。银杏的种子产生令人不快的气味。裸子植物是许多有价值产品的来源，包括松香、焦油、木材和松节油。

延伸阅读：被子植物；针叶树；苏铁；常绿植物；冷杉；银杏；松树；种子；云杉。

裸子植物是种子裸露的植物。大多数裸子植物的种子长在球果中。

落叶树

Deciduous tree

落叶树是指在一年的某个时间落叶,后期又长出新叶子的树。大多数落叶树在秋天落叶,于春天长出新叶。水青冈、桦树、榆树、胡桃树、槭树和栎树都是常见的落叶树。

大多数落叶树木的叶子又宽又绿,这种树也叫"阔叶树"。生长在热带雨林的阔叶树不是一年四季常绿的落叶树,落叶树也不同于常绿的针状叶的针叶树。

落叶树生长在除南极洲以外的所有大陆上,适宜在一年的大部分时间气候温暖、雨量充足的地方生长。有些落叶树在较冷的地方长得也很好,比如桦木和美洲山杨。

落叶树通过落叶过冬,因为叶片会加速水分流失。在夏天,这通常不是问题,因为树根可以为树提供水分,但在冬天,雪很难渗入地下,导致树木缺水。而且,当地面结冰时,根部无法吸水,所以落叶有助于树木存储水分。

过去,落叶树森林覆盖了美国东部和欧洲的大片地区。后来人们进行森林砍伐,试图腾出空间修建农场和房屋,并

在温带落叶林中,占主导地位的树木占据顶部,或顶层;较小的树木形成了第二层,或绿荫层。灌木形成了它们自己的层次,下面是另一层次的矮小植物。

获得木材和木柴。如今，经过生态修复，这些地区生长着小
型的落叶林。

延伸阅读：水青冈；森林；叶；枫树（槭树）；乔木；木材。

秋   冬   春

秋天，很多落叶树的叶片颜色在掉落前
会有显著变化；经历了冬天光秃秃的枝
干后，在春天又会长出新的叶片。

马铃薯

Potato

马铃薯是一种在地下生长的重要作物，呈圆形或椭圆形，质地较为坚硬。它们的皮很薄，有棕色、红棕色、粉红色或白色等，而内部则是白色的。马铃薯有很多种类。

马铃薯的烹饪方式多种多样。人们喜欢吃烤、煮、法式油炸土豆或土豆泥，也可以制成薯片，即食土豆泥等其他产品。马铃薯含有多种维生素和矿物质。

马铃薯原产于南美洲的安第斯山脉。如今，中国的马铃薯种植面积超过其他任何国家。其他主要的马铃薯种植国家有印度、俄罗斯、乌克兰和美国。

人们吃的马铃薯是植物的块茎。块茎是在植物的地下茎上形成的。

大多数马铃薯的地上部分是地下部分的三到六倍。地上部分四处蔓延，长着深绿色的、结实的叶片，开粉红色、紫色或白色的花。马铃薯的叶片有毒。

延伸阅读： 有毒植物；块茎；蔬菜。

马铃薯有多叶的茎，并开白色或紫色的花朵。地下生长的茎称为"块茎"。块茎是人们食用的马铃薯的部位。

麦克林托克

McClintock, Barbara

麦克林托克（1902—1992）是一位美国科学家，于1983年获得诺贝尔生理学或医学奖。她是一位遗传学家，专门研究性状如何从父母传给他们的后代。植物的特性包括株高和花朵类型。这些特征由基因携带，而基因存在于细胞内叫作"染色体"的线状结构上。

麦克林托克研究了玉米的基因。1931年，她表示染色体可以断裂和发生部分交换。这些过程发生在性细胞的形成中。性细胞使植物得以繁殖。麦克林托克发现每个性细胞包含不同的基因组合，这使得后代也有不同的特征组合。1951年，麦克林托克证明了一些基因可以改变它们在染色体上的位置，这个改变会导致植物拥有不同的特征。

麦克林托克于1902年6月16日生于康涅狄格州哈特福德。她在康奈尔大学获得博士

麦克林托克因其在遗传学方面的研究获得诺贝尔生理学或医学奖。

学位。麦克林托克于 1992 年 9 月 2 日去世。

延伸阅读：细胞；基因；遗传；繁殖。

蔓越莓

Cranberry

蔓越莓是一种长在藤蔓上的酸红色水果，可以生吃也可以晒干，但是大多数的蔓越莓都被制成果汁或果酱。蔓越莓酱是美国感恩节的传统食物。

蔓越莓原产于北美洲，为常绿灌木，比较矮小，叶片呈长卵形，花白色或粉色。它由木质茎支撑，直立或攀缘。这种植物喜欢凉爽地带的酸性泥炭土壤。人们在特殊沼泽地区种植蔓越莓。当浆果准备收割时，种植者就用水把沼泽淹没。他们把藤上的浆果打落，落下来的浆果浮在水面上，工人们收集浆果并把它们加工制成果汁或果酱。

延伸阅读：浆果；沼泽；果实；藤蔓。

蔓越莓

杧果

Mango

杧果是在世界热带地区都有种植的水果，是热带国家的一种重要食物。杧果有时被称为热带水果之王，可以鲜食，也用于制作甜点、蜜饯和其他食物。它是维生素 A 和 C 的一个很好的来源。

大多数杧果呈肾形、椭圆形或圆形。长度可以长到 5～25 厘米，重可达 2.3 千克。杧果的果皮光滑，革质，可能是绿色、紫色、橙色、红色或黄色的。果皮包裹着多汁的、橙色或黄色的果肉以及坚硬的核。有些杧果有黏稠的汁液和令人不快的味道，但为食用而种植的杧果拥有柔滑的汁液，有甜美芳香的口感和气味。

延伸阅读：果实。

杧果，一种热带水果，从常绿的杧果树上那微小的、成簇的、粉白色的花朵发育而来。

猫薄荷

Catnip

猫薄荷是一种香气浓郁的草本植物。它能长到 60 ~ 90 厘米高。轮伞花序，多轮密集于枝端成穗状；花小，白色，淡紫色斑点。叶片卵状至三角状心形，两面被短柔毛，下面呈白绿色。猫薄荷在世界上许多地方都有种植，也是北美洲和欧洲常见的杂草。

猫薄荷的栽培历史已有几个世纪，可以用于家庭治疗。例如，它可以用来治疗感冒。猫薄荷也是烹饪的调味品，可以泡凉茶。猫薄荷得名于对猫的作用。猫对该草叶的气味很感兴趣，喜欢抓咬，通常在该草周围会变得兴奋或顽皮。

延伸阅读： 香草类植物；杂草。

猫薄荷

猫柳

Pussy willow

猫柳是一种因其蓬松的花序而出名的灌木或小乔木。这些花成簇生长在一些长且直的枝条上。这种花序称为"柔荑花序"。春天，柔荑花序外面覆盖着柔滑的、灰白色的柔毛。有些人认为柔荑花序看上去像小猫紧贴着树枝。

野生猫柳分布于北美洲东部。它们在潮湿的地方生长得最好。大多数时候，它们不会长到超过 6 米高。

如果将切下的枝条的末端浸在水中，切下的花枝能长出根来。将生根的枝条种下，它将长成另一株完整的灌丛。

延伸阅读： 灌木；乔木；柳树。

猫柳的树枝上有许多坚硬的花蕾，这些花蕾在早春会绽放出一簇簇灰白色的花序。

毛地黄

Foxglove

　　毛地黄是一种有花植物，开钟形花，花沿着植物茎的一侧成群生长。它们看起来有点像手套的手指。花色为紫色、粉色、淡紫色、黄色或白色。毛地黄品种很多，分布在欧洲、北非、西亚和中亚。

　　毛地黄可以长到60～150厘米高。叶片卵形或长椭圆形，沿着茎生长。有些叶片有毒，可以作为原料提取毛地黄皂苷，一种重要的强心药，可兴奋心肌，增强心肌的收缩力，或直接抑制心内传导系统，使心率减慢，主治慢性充血性心力衰竭，对心脏性水肿有显著利尿消肿作用。

　　延伸阅读： 花；有毒植物。

毛地黄

毛茛

Buttercup

　　毛茛是一种亮黄色的野花，有很多种类。分布在世界上温度适宜的地方，喜生于田野、湿地、河岸、沟边及阴湿的草丛中，多在春天开花。

　　毛茛通常有五个花瓣，形状像一个杯子，英文名（Buttercup）因此而得名。毛茛叶通常3深裂不达基部，有些人认为看起来像鸟爪。因此，毛茛也被称为"鸟爪"（Crowfoot）。

　　农民们认为毛茛是令人讨厌的杂草，不能作为牛饲料，因为牛不爱吃。

　　延伸阅读： 花；杂草。

毛茛的茎沿着地面匍匐生长，并把根向下延伸，长成新的植株。

毛细现象

Capillary action

　　毛细现象指水在狭窄的管道里上升。毛细作用有助于植物把根部的水分转移到叶片。例如，树干和树枝内有许多被称为毛细管的小管，因为这个原理，水在毛细管中升得越来越高。

　　水是由称为分子的微小粒子组成的。浸润液体在毛细管中的液面是凹形的，它对下面的液体施加拉力，使液体克服重力沿着管壁上升，结果，水分子就会沿着毛细管的边缘运动。

　　延伸阅读： 叶；根。

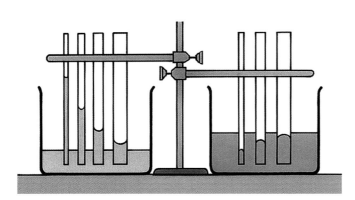

毛细现象解释了水如何在狭窄的管子里上升。不同宽度的玻璃管放置在一碗纯净水（左边）和汞（右边）中。水因能润湿玻璃而会在细玻璃管中升高；反之，汞却因不能润湿玻璃而在其中下降。究其原因，全在于液体表面张力和曲面内外压强差的作用。所以在右手边最宽的管子里汞位置最高。

霉菌

Mold

面包霉菌包括根状生长的部分和茎状的、产生孢子的子实体。

　　霉菌是通常在食物上生长的一种真菌。像其他真菌一样，霉菌既不是植物也不是动物。它们分解并从周围环境中吸收食物。世界上有许多种霉菌。

　　霉菌经常在面包、水果、奶酪和其他食物上呈棉花状生长。它们是从细小的叫作"孢子"的细胞中生长出来的。当孢子落在潮湿的食物上，它便膨胀并开始生长，产生细小的菌丝。根状结构将这些菌丝连接到食物上。很快，称为"子实体"的许多茎状组织开始向上生长。子实体会产生新的孢子，这些孢子飘散开来去长成新的霉菌。

有些奶酪的风味来自于生长在它们中的霉菌。

霉菌可以使食物变质。它们有时会在家里生长并致使人们生病。但霉菌也可以通过分解死去的植物和动物的残体来丰富土壤。人们通过使用霉菌给某些奶酪添加特殊的风味。从霉菌中还可以提炼出青霉素，这是医学上已知的第一种抗生素。

延伸阅读：真菌；孢子。

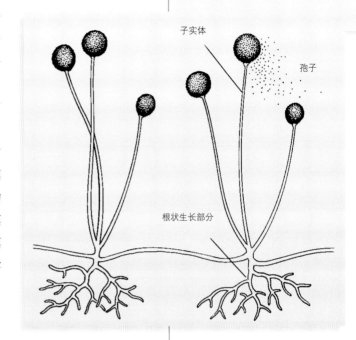

许多常见的霉菌都可以生长在水果和其他食物上。

美国山核桃

Pecan

美国山核桃因为其果实而家喻户晓，这些坚果也被称为"碧根果"，又软又容易剥壳。它们也是各种菜肴的配料。

美国山核桃树有些可高达 55 米，树干直径达到 1.2～1.8 米，但大多数树都要小一些。浅棕色或灰色的树皮有深深的凹槽。叶片有 30～50 厘米长，由 9～17 个长矛状的小叶组成。美国山核桃原产于北美洲，也生长在澳大利亚、中东和南非。

美国山核桃是美国的一个重要产业，在南方尤其重要。人们主要因为食用坚果而种植，但它的木材也是有价值的。

延伸阅读： 坚果；乔木；木材。

美国山核桃

门

Phylum

门是科学家们用来对所有生物进行分类的七个主要群体之一。最大的分类级别为"界"。每个界被分成若干个门。在植物界，门的英文名称通常为"division"。门的成员之间比界的成员之间关系更密切。门进一步分为纲，一个纲里的成员比门里的成员关系更密切。

同一个门中的所有生物都具有某些共同的基本特征，因为它们有共同的祖先。例如，在植物界，开花的植物构成了有花植物门。这个门的成员都会开花，虽然有时花很小。所有这些植物都能产生种子，种子被包裹在果实里。有花植物门是植物界中已知的最大的一个门。

延伸阅读： 纲；科学分类；界。

孟德尔

Mendel, Gregor Johann

孟德尔 (1822—1884) 是一位奥地利科学家和传教士。他是一位植物学家,专门研究植物。孟德尔发现了遗传的基本规则。

孟德尔通过研究豌豆来解释遗传。他在所居住的修道院花园中种植这些植物,繁育和杂交了成千上万株豌豆,然后观察每一代新豌豆的特征。

孟德尔发现植物性状会通过遗传单位传给下一代。如今,这些遗传单位被称为基因。他推断每个植物的每个性状都由一对基因控制。其中每一个基因来自它父母中的其中一位。

孟德尔发现每个基因有不同形式与不同特征相对应。例如,一个基因的形式可能导致植物结圆形的种子,而另一种形式可能会使它结带皱纹的种子。

孟德尔还发现一种基因形式可能呈显性,而另一种形式呈隐性。如果植物同时拥有这两种基因形式,显性基因的特征将出现在该植物上。例如,圆形种子的基因呈显性,而皱纹种子的基因呈隐性。那么,如果一种植物既带有"圆形种子"基因,又带有"皱纹种子"基因,则最终会结出圆形的种子。

终其一生,孟德尔思想的重要性未得到承认。如今,他被认为是遗传学的创始人,或者说是开展遗传研究的第一人。

孟德尔1822年7月22日出生于奥地利海因策多夫,并于1847年成为一名牧师。后来他学习了科学和数学,教高中生物学和物理学。孟德尔最终于1884年1月6日去世。

延伸阅读: 植物学;基因;遗传;豌豆;种子。

孟德尔是一位奥地利科学家和传教士。他通过培育豌豆而发现了遗传的基本规则。

迷迭香

Rosemary

迷迭香是一种调味料，它来自常绿灌木的叶子。叶片有怡人的香气，鲜叶和干叶都可使用。干叶也可以用作驱虫剂，将它泡在茶里可以缓解胃痛和头痛。这种植物可以提炼迷迭香精油。欧洲人在婚礼和葬礼上通常会用到迷迭香，因为他们相信迷迭香有助于加深记忆。

迷迭香高约 60～180 厘米，叶片深绿色，稍具光泽，花冠淡蓝色。迷迭香生长在地中海沿岸地区。

延伸阅读： 常绿植物；香草类植物。

迷迭香

猕猴桃

Kiwi fruit

猕猴桃，又叫"几维果"，是一种棕色的、毛茸茸的果实，大小和形状与鸡蛋类似。它是一种长在藤上的浆果。几维果（Kiwi）的名字来自于新西兰的一种棕色小鸟。最大的猕猴桃种植国是新西兰、法国和美国。

猕猴桃的果肉大多呈绿色，并有黑色的小种子，种子可以食用。果肉有一种甜甜的、混合的水果味。猕猴桃可以生食、冷冻或制成罐头食用。人们用猕猴桃制作馅饼、冰淇淋和酒，也将其制成猕猴桃果汁饮用。

猕猴桃的花和果。

猕猴桃最适宜在既没有严寒又没有酷暑的地方生长。原产于中国。曾被称为"中国醋栗"。

棉花

Cotton

棉花是一种生产纤维的植物，主要用于织布。棉布广泛用于服装。棉花的每个部分都用途广泛。

长棉纤维被制成布，短纤维用于造纸和其他产品，棉籽可用于制作油和人造黄油等食物，棉籽的外壳或外皮被用来饲养家畜，农民把棉秆和叶子作为肥料犁入土壤中，可帮助作物更好地生长。

棉花品种丰富，但农民主要种植的有四种。最常见的是皮马棉和高地棉。它们被用来制造布和其他产品。中国、印度和美国是最大的棉花种植国。亚洲、非洲、南美洲和中美洲的许多国家也种植棉花。在欧洲，希腊和西班牙种植棉花。澳大利亚也大量种植。

棉花纤维来自棉花植物的果荚。花凋谢前，在棉花植株上停留大约三天。当花瓣落下后，果荚变成了一个棉铃。当棉铃成熟裂开，露出柔软的纤维时，棉花就可以收割了。现在几乎所有的棉花都是用农业机械收割的，这就避免了过去繁重的人力劳动。

早春，种植者犁地，然后用机器或手工播种棉籽。大多数棉花都能长到 0.6 ~ 1.5 米高。棉蕾在植物生长大约 3 周后开始形成。花开后，棉铃开始生长。当它们干燥开裂时，棉花就可以收割了。

首先，将棉铃中的纤维与种子分离。纤维被清洗和干燥，梳直后纺成纱。有些纱线是先上色后织成的，其他的是先织成了布，然后进行处理、漂白和着色。5000 多年前，亚洲人就学会了种植棉花。

同一时期，中美洲的土著美洲人也学会了如何种植棉花。欧洲后裔在 17 世纪开始在美洲殖民地种植棉花。在 18 世纪晚期和 19 世纪早期，人们发明了机器来简化棉花加工和棉布编织。后来，又发明了自动种植和收获棉花的机器。20 世纪 60 年代，人造布料开始流行，工厂制造合成纤维布，如尼龙。这一阶段，棉花的销量逐渐减少，但自 20 世纪 70 年代末以来，人们又开始频繁使用棉花和棉织品。

延伸阅读： 农作物；种子。

面包果

Breadfruit

面包果是一种热带水果，长在高高的面包树上。面包树生长在太平洋和加勒比海气候温暖的岛屿上。

面包果的形状可以是圆形或椭圆形，非常大，一些果重达 2.25 千克。面包果外皮粗糙，呈棕黄色。

面包果的名字来源于它柔软的果实内芯，有些人认为果芯尝起来像面包，因此而得名。面包果的烹饪方法类似于土豆，食用前通常以烘烤或蒸、炸等方法处理，也可以加入色拉和炖菜中。此外，面包果的种子也可以吃。

延伸阅读： 果实；乔木。

面包果

灭绝

Extinction

灭绝是指地球上曾经出现过的物种已经不再存在。所有种类的生命都可能灭绝，包括植物、动物和细菌（微生物）。

灭绝是生命中正常的一部分。大多数曾经存在的生物现在已经灭绝了。当一种生物灭绝时，一种新的生物可能会取而代之。例如，在大约 2 亿年前的恐龙时代，苏铁是最常见的植物之一。从那以后，大多数苏铁已经灭绝，目前残存的苏铁也有随时灭绝的危险。如今，有花植物已经取代了苏铁。

人类已经造成了数以百计的物种灭绝。已经灭绝的植物包括古巴冬青、西洋榄和白氏喃喃果。许多已经灭绝的植物只在岛上生存，另一些生活在已经被人们破坏的森林里。对植物最大的威胁是对它们生活环境的破坏。许多人试图拯救濒临灭绝的生物，例如，在许多国家，采集濒危植物是违法的。

延伸阅读： 适应；苏铁；森林砍伐；濒危物种；进化；化石；栖息地。

苏铁叶片以化石形式保存了下来。苏铁是 2 亿年前最常见的植物之一，但目前大多数已经灭绝。

缪尔

Muir, John

缪尔 (1838—1914) 是美国的一位探险家、作家和博物学家。博物学家是研究自然的人。缪尔认为人们应该保护和保存自然。缪尔说服美国国会于 1890 年通过了一项重要的保护法，这项法律促成了优胜美地和红杉国家公园的成立。缪尔还帮助政府拨出 6000 万公顷森林用地。在旧金山附近的一个红杉林是以他的名字命名的，称为"缪尔林地"。1892 年，缪尔成立了塞拉俱乐部，该俱乐部成为一个领先的环境保护组织。

缪尔于 1838 年 4 月 21 日出生于苏格兰丹巴顿郡。他的家人后来搬到了美国。他写了很多书，包括《加利福尼亚山脉》(1894 年)、《我们的国家公园》(1901 年) 和《优胜美地》(1912 年)。1914 年 12 月 24 日，缪尔去世。

1906 年，美国博物学家约翰·缪尔和美国总统西奥多·罗斯福考察优胜美地国家公园。

蘑菇

Mushroom

蘑菇是小型的伞状真菌，通常生长在林中和草地上。蘑菇的尺寸和颜色多种多样。它们的大小从直径不到 0.6 厘米～46 厘米都有。大多数蘑菇呈白色、黄色、橙色、红色或棕色，也有些是蓝色、紫色、绿色或黑色。

实际上，我们所看到的蘑菇只是真菌的一部分，剩余的部分生长在地下的土壤中。这部分由数千个线状细胞组成，它们通常形成一个交织的网，以死亡的动植物有机残留物质为食。这个

蘑菇的主要部分是菌盖、菌柄和菌丝体。菌盖的底部由菌褶或菌管组成。菌褶或菌管上有小型棒状的、叫作"担子"的细胞，它的上面产生孢子，而新的蘑菇由孢子发育而来。菌丝体由白色或黄色线状细丝所组成。这部分扎根在土壤或木材中，吸收蘑菇生长所需的养分。

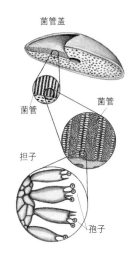

菌盖
菌柄
菌丝体
菌褶盖
菌褶
担子
孢子
菌管盖
菌管
菌管
担子
孢子

地下部分可以存活生长许多年。

蘑菇的地上部分只存活几天，称为"子实体"。蘑菇是真菌进行繁殖的方式，它从土壤中长出来像茎一样的部分，头顶圆形的菌盖。大多数种类的蘑菇在菌盖底部长有很薄的结构，这些结构被称为"菌褶"。菌褶释放出称为"孢子"的微小细胞，可以长成新的真菌。

蘑菇主要分为两大类。一类在菌盖下有菌褶；另一类在菌盖下面为菌管。这两类蘑菇中都有有毒蘑菇和无毒蘑菇。

许多蘑菇都很好吃，也很安全。但是，也有一些种类是有毒的，一些蘑菇会使食用者中毒死亡。所以，千万不要吃野外的蘑菇，除非能确定这种蘑菇是安全的。

延伸阅读： 真菌；孢子。

菌褶类蘑菇

毒蝇伞（有毒）　　　毛头鬼伞（无毒）　　　平菇（无毒）　　　发光类脐菇（有毒）

菌管类蘑菇

美味牛肝菌（无毒）　松塔牛肝菌（无毒）　黄乳牛肝菌（无毒）　厚环乳牛肝菌（无毒）

茉莉

Jasmine

茉莉是以其芬芳的白色花朵而闻名的一种灌木或藤蔓。人们为了欣赏它的美丽而种植茉莉，也用新鲜的茉莉花来窨制茶叶。茉莉也是一些香水中的成分。茉莉有很多种类，主要分布在热带和靠近热带的地区。

茉莉可以直立生长或长得像藤蔓。一些茉莉每年秋天都会落叶，而另一些种类则终年常绿。常见的茉莉是一种具有深绿色叶片和白色花朵的藤蔓。素馨花（Spanish jasmine）有较大的花朵，花瓣的下面呈少许红色。

延伸阅读： 花；灌木；藤蔓。

茉莉

木材

Wood

木材是由乔木、灌木和其他一些植物所形成的木质化组织。木材对于人类生活起着很大的支持作用。根据木材不同的性质特征，人们将其应用于不同场合。木材被用来制造成千上万的产品，包括棒球棒、地板、家具、乐器、纸张，甚至人造丝布料。木材是一种很好的建筑材料，因为它很坚固，容易处理，而且木头不生锈。

两种主要的木材是硬材和软材。硬材来自阔叶树，包括桦树、樱桃树、榆树、桃花心木、槭树和栎树。软材来自针叶树，包括雪松、花旗松、松树、红杉和云杉。

木材由微小的管状细胞组成，这些细胞在植物茎干周围形成一层层的永久性组织。按重量计算，大约一半的木材是纤维素。这种材料很软，由纤维组成。另一种物质为木质素，能使木头变硬。

延伸阅读： 纤维素；乔木。

木材是一种很好的建筑材料，因为它很坚固，容易处理。

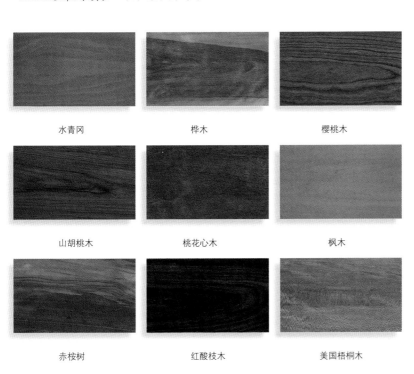

水青冈	桦木	樱桃木
山胡桃木	桃花心木	枫木
赤桉树	红酸枝木	美国梧桐木

硬木用于家具、木装饰和地板。因为它们价格较贵，所以很少用作建筑材料。通常大多数房子的内部结构是由软木，如松树和杉木组成。

木兰

Magnolia

木兰是以它们白色或粉红色的大花而闻名的树木。它们也有球果状的果实和大型的叶片。木兰有很多种，原产于北美洲、南美洲和亚洲。

荷花木兰因大而光亮的花朵而广受欢迎，它是密西西比州和路易斯安那州的州树和州花。大叶木兰具有美国树木中最大的花朵，其乳白色花朵的直径可达 25 厘米。通常，人们种植木兰类植物主要是为了它们的花，但也用它们的木材制作家具。

延伸阅读：花；乔木。

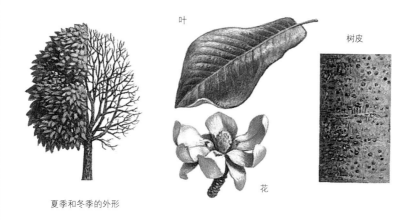

叶

树皮

夏季和冬季的外形

花

大叶木兰有巨大的花和树叶。

木樨榄

Olive

木樨榄俗称"油橄榄"，原产于地中海地区，果实亦称"橄榄"，用于榨油或做蜜饯。橄榄油用途广泛，特别用于烹调。果实可以整颗食用。

大多数木樨榄是椭圆形的。随着果实的生长成熟，颜色从绿色到黄色、红色再到紫黑色。木樨榄表皮光滑，果肉包裹着一粒种子。果肉和种子都含有油。新鲜的木樨榄尝起来很苦,吃起来很不舒服,于是,人们通常将木樨榄浸泡在盐水和其他物质中以改善风味。一般来说,人们吃的木樨榄不是绿色的就是黑色的。

世界上大部分的木樨榄被种植在地中海沿岸国家。西班牙是最大的生产国,其次是意大利、希腊、摩洛哥和土耳其。美国的木樨榄作物几乎全部来自加利福尼亚。

延伸阅读: 果实;油;乔木。

油橄榄是生长在木樨榄树上的小果实,用于榨油,大约有50%的出油率。

木贼

Horsetail

木贼是一种茎中空并分节的植物。它的茎秆上含有二氧化硅,使其粗糙坚固。人们曾经用木贼来擦拭金属使其光亮,因此,木贼有时也被叫作"锉草"。

大多数木贼都很小,但有一些木贼的茎秆看起来像一棵小树。木贼在数百万年前非常常见。当时,有些木贼可以长成大树。

木贼从匍匐茎上长出新的植株。它不会开花和结果,而是通过微小的孢子进行繁殖。木贼与蕨类植物的关系比较接近。

延伸阅读: 蕨类植物;茎。

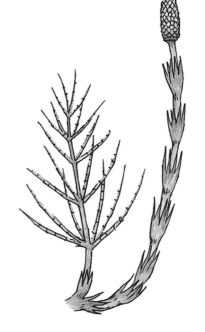

木贼的茎中空,有节。

目

Order

　　目是科学家用来对生物进行分类的分类学术语，其用途是将该纲内的生物再详细分类。许多相关的动植物或其他生物被分为不同的目，目中的生物具有某些共同的基本特性，因为它们有共同的祖先。

　　植物被分为不同的类，称为界、门、纲、目、科、属和种。纲包含目，目包含科。目中的生物亲缘关系比纲更近。

　　目可以被分成更小的群体，称为"科"。科中的生物亲缘关系比目更近。举个例子，毛茛目。有花植物的这一目包括毛茛科和其他几个科，毛茛目属于双子叶类。这些植物通常被称为真双子叶植物，大多数有花植物属于此类。

　　延伸阅读： 科学分类；科；属；界；物种。

苜蓿

Alfalfa

　　苜蓿是一种很有价值的作物，主要用作牲畜饲料。农民种植苜蓿后，将其作为重要的牧草或收获种子。此外，他们也通过这种方式来保持土壤肥沃。苜蓿也称"紫花苜蓿"。重要的苜蓿种植地区包括北美和南美、澳大利亚、东亚、欧洲部分地区、中东和南非。

　　苜蓿有荚果，每荚有 4～8 粒种子。这种植物茎细长，高约 0.9 米。羽状复叶，互生，具 3 小叶。植株的基部木质化，新的茎将从此处的芽内萌发。总状花序腋生。

　　大多数苜蓿根生长在 0.3 米的土壤下，但是一些根可以延伸到 4.6 米甚至更深，以此获得更多的地下水。正因此苜蓿比其他作物更能耐旱（特别是长时间的干旱天气）。苜蓿从史前时代就可能在中东地区开始种植了。

　　延伸阅读： 农业；农作物。

苜蓿主要用作牲畜饲料，常在烘干后像干草那样被打成捆。

牧豆树

Mesquite

牧豆树是一种带刺的植物，通常在沙漠中生长。世界上有很多种牧豆树，最常见的是腺牧豆树。它分布在北美洲的西南部和加勒比地区，也分布在夏威夷群岛，是传教士们将它带去种植的。

牧豆树可以在对大多数植物来说太热和太干的沙漠中生长。获得充足水源的牧豆树可以长成 15～18 米高的树。它的木材可以作为燃料，制造栅栏，以及建造房屋；种子或豆荚可充当牛和马的饲料；从牧豆树中提取的树胶可用于制作糖果和染料。

部分牧豆树的死亡和腐烂，会使土壤更加肥沃。牧豆树周围的土壤对于其他种类植物的生长来说足够肥沃。

延伸阅读： 沙漠；灌木。

牧豆树

N

南非稀树草原

Veld

南非稀树草原（Veld）是专指非洲南部草原的名词，它来自南非荷兰语中称呼平原或田野的词。南非荷兰语在南非被使用，这种语言由荷兰、法国和德国定居者发展而来。

南非稀树草原类似北美洲大草原。但它也可以指在南部非洲的任何自然植被区域。

南非稀树草原是许多草食动物的家园，包括黑色犀牛和各种羚羊。如今，许多来自其他地区的植物已经扩散到这个草原。影响草原的其他问题还包括干旱、侵蚀、过度放牧和农业的扩张。

延伸阅读：草原。

南非稀树草原是一个点缀着野花的广阔草原。

南瓜

Pumpkin

南瓜也称"美洲南瓜"，是一种通常为橙色的大型蔬菜。然而，有些南瓜也呈白色、黄色，或其他颜色。美洲南瓜是较为常见的一种。它们呈圆形或椭圆形，有一个坚硬的外壳，里面是纤维状的果肉，中心则充满了种子。

大多数南瓜的重量在 2.3 ~ 14 千克之间，虽然有时候可以超过 450 千克。人们以不同的方式烹饪南瓜。南瓜馅饼是一种受欢迎的节日美食。炒南瓜子被当作零食。农民也用南瓜喂养动物。在美国，人们将南瓜雕刻成南瓜灯以庆祝万圣节。

南瓜有大而粗糙的叶子。植株可以长成藤蔓状或灌木丛，它们需要精心培育才能结出健壮的果实。南瓜原产于北美洲。科学家们在墨西哥发现了数千年前的、与南瓜相关植物的种子，证明当时人们已经开始种植南瓜。

延伸阅读：果实；种子；南瓜属植物；蔬菜。

种子

美洲南瓜是一种通常为橙色的大型蔬菜。南瓜里充满了富含蛋白质的种子。

南瓜属植物

Squash

南瓜属植物是一类外形似葫芦的蔬菜,可以通过多种方式食用。橡子南瓜和奶油南瓜经常被烤着吃或涂上黄油食用。西葫芦经常在色拉中用于生吃。人们也将南瓜属植物的花炒着吃。世界上有许多种类的南瓜属植物。

南瓜属植物含有大量的维生素 A 和 C,而且它们的热量很低。

南瓜属植物有大而带五个角的叶片,开黄色或橙色的花。果实的颜色、形状和大小多种多样,主要可以分为西葫芦和笋瓜两大类。

西葫芦呈灌木状。在采摘时,它仍然有着柔软的外皮。长得太大和太熟的南瓜属植物风味欠佳。西葫芦在采收后应尽快食用。常见的西葫芦包括绿皮的、扁圆的、白色飞碟形的、黄色曲颈的和意大利青瓜。

笋瓜呈藤蔓状或灌木状。它们的果实通常要等到第一次霜冻前的几天时间才采收。此时,果实已经完全成熟并且有坚硬的果皮。笋瓜在阴凉干燥的地方可以存放数月。流行的笋瓜包括橡子南瓜、香蕉南瓜、奶油南瓜、哈伯德南瓜和素面南瓜。

延伸阅读: 果实;蔬菜;藤蔓;西葫芦。

哈伯德南瓜

奶油南瓜

橡子南瓜

西葫芦和黄色曲颈南瓜

白色飞碟南瓜

南瓜属植物是一类藤蔓状或灌木状的、营养丰富的蔬菜,有很多不同的品种,它们在颜色、形状和口味上都有所不同。

南欧蒜

Leek

南欧蒜是与洋葱类似的蔬菜。南欧蒜有许多扁平的、基部重叠的叶片,这些重叠的叶子形成一个粗壮的假茎。这个假茎约 2.5 ~ 5 厘米宽,13 ~ 20 厘米长。假茎是南欧蒜的可食用部分。它具有比较温和的类似洋葱的味道,通常煮熟了食用或作为其他食物的调味品,也可以生吃。

南欧蒜为两年生植物,通过播种进行繁殖。它们需要很长的生长季。南欧蒜的种子一般于早春在温室里播种。到了春末,幼苗被移植到田地或花园中。人们用丰饶肥沃的土壤培土在假茎的四周,这种做法可以提高南欧蒜的质量。南欧蒜可能原产于地中海东部区域。

延伸阅读: 葱属植物;蔬菜。

南欧蒜

尼古丁

Nicotine

尼古丁是一种存在于烟草植物叶子、根和种子中的生物碱，有较强毒性。烟草植物产生尼古丁来毒死以它们为食的昆虫。

香烟和其他烟草产品中含有尼古丁。虽然烟草产品中的尼古丁含量并不高，不会致人死亡，但它依然是导致人类疾病和死亡的原因之一。尼古丁容易上瘾，这意味着即使人们知道尼古丁有害身体健康，但依然抵抗不了诱惑。抽烟后人会立刻感到神清气爽和放松，所以他们戒烟时通常会感到烦躁和焦虑。

延伸阅读： 有毒植物；烟草。

烟叶

泥炭

Peat

泥炭是部分腐烂的植物，它长时间在沼泽和湿地中聚集。泥炭通常是煤形成的第一阶段。

泥炭分层形成。上层由死去的植物、草本植物和苔藓组成。这些植物在水中腐烂了，随着时间的推移向下沉积并变成了泥炭。下层几乎全是水，看起来像泥浆。

现在人们用机器挖、切和混合泥炭，把它做成块状铺在地上晾干。在煤和石油稀缺的地方，干泥炭被用作燃料。

延伸阅读： 泥沼；腐烂；肥料；沼泽；苔藓。

爱尔兰的泥炭沼泽。在煤和石油稀缺的地方，干泥炭可以用作燃料。

泥沼

Bog

泥沼是一块松软的湿地，出现于寒冷潮湿的气候中，在亚洲、欧洲和北美洲的北部地区很常见。人们在新西兰也发现了泥沼。

泥沼植物包括苔藓、禾草、似禾草的莎草和芦苇。小松树也生长在其中。由于土壤贫瘠，植物生长缓慢，于是一些泥沼植物会捕食昆虫，这些昆虫可以提供植物生长所需的营养。

泥沼植物死后会形成厚厚的漂浮的死物质层，我们称之为"泥炭"。泥沼中的泥炭深度可达 14 米。

延伸阅读： 禾草；苔藓；泥炭；湿地。

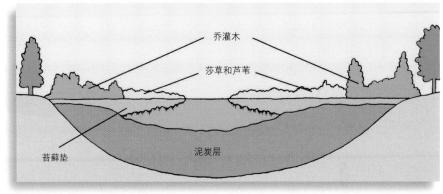

诸如莎草和芦苇这样的泥沼植物腐烂后可能会形成厚厚的泥炭层。

柠檬

Lemon

柠檬是小的黄色水果。它们属于柑橘类水果，柑橘类还包括橙子和橘子。柠檬呈椭圆形，果皮为黄色。大多数柠檬味道很酸，因此大多数人不直接吃新鲜的柠檬。

柠檬用于调制软饮、甜点和许多其他食物。厨师用柠檬汁和柠檬皮油给肉和鱼调味。柠檬油也用来调制香水。

柠檬树可以长到 7.6 米高。植株有棘刺、尖尖的叶片和甜美的白色花朵。一棵树上通常既有花又有果。

柠檬树只能在温暖的气候下生长，如果遭遇霜冻会被冻伤。种植者有时会使用加热器、大风扇或喷水雾来保护柠檬树免受冻害。

延伸阅读： 果实；乔木。

柠檬是一种受欢迎的柑橘类水果，种植柠檬通常是为了获取它的酸果汁和芳香油。

牛蒡

Burdock

牛蒡是一种大型的绿色杂草，叶片心形，高 1.2 ～ 2.7 米。牛蒡在许多地方生长，如牧场和田野。

牛蒡有两个生长期：第一个生长期，茎和叶子生长；第二个生长期，开紫花。这些花结出尖尖的、黏黏的种子，易粘在衣服上或者动物的毛发上，从而传播开来。

种子传到哪，牛蒡就长到哪。大多数农民不喜欢牛蒡长在他们的牧场上，因为种子会缠在牛羊和马的毛发上。所以他们一般在种子形成前先把它的花砍掉。

延伸阅读： 二年生植物；杂草。

牛蒡属于粗大的、多毛的杂草。

农场和耕作

Farm and farming

农业属于第一产业，在世界各地都十分重要。我们吃的几乎所有食物都来自农场种植的植物，吃的肉则多来自畜牧动物和牲畜。许多用来做衣服的材料，如棉花和亚麻，都来自农场植物。

几千年来，许多国家的人大都以务农为生。例如，在 18 世纪和 19 世纪早期，大多数美国家庭住在小型农场上。他们种植玉米、小麦、牧草、水果和蔬菜，还饲养牲畜。家里的每个人都努力工作，但是大多数家庭只能

大豆和玉米是美国中西部大部分农场的主要作物。

自给自足。

自 19 世纪以来，科技进步简化了农业生产，效率也大大提高。科学家们培育出了更好的农作物，还开发出了廉价种植大量农作物和饲养大量牲畜的方法。农业的变化促进了城镇的发展。

由于农耕所需的人口减少，许多人最终迁往城镇。在那些农业发达国家，农耕已不再是主要的生活方式，越来越少的农民却生产越来越多的粮食。大多数人生活和工作在城市或城市附近。

如今的美国，每 100 人中只有不到 3 人住在农场，但是粮食有很大富余，多余的食物销售到其他国家。

农民用耕耘机耕田。这一过程会将连除草剂都无法控制的杂草连根拔起。现代农业设备的发明大大减少了在农场工作的人数。

美国的农场可以分为两大类：专业化农场和混合农场。专业化农场只生产一种作物或牲畜，混合农场则种植各种作物和家畜。许多年前，美国大多数的农场是混合农场。但如今，几乎所有的农场都是专业化农场。

在美国，半数的专业化农场生产农作物，另外一半饲养家畜。农作物主要有玉米、小麦、稻或燕麦等谷物。其他被大面积种植的重要作物包括棉花、花生、菠萝、土豆、甘蔗、甜菜和烟草。有些还种植苹果、橙子、樱桃或葡萄等水果。

所有的作物都必须有营养物质和水，这是健康生长所必需的条件。土壤含有大部分营养物质并储存了农作物所需的水分。被种植在土壤中的作物通过根部吸收养分和水分。

但是每种农作物对营养和水分的需求不一样，农民必须确保土壤和水能满足每种作物的需要，还要预防和去除危害农作物的害虫，包括可能引起疾病的杂草、昆虫和微生物。许多农民使用化学办法来肥土或杀虫，而有些人的方法就更原生态。例如，农民可能依靠天敌来控制害虫，而不是使用杀虫剂。以这种方式经营的农场称为"有机农场"，他们种植的食物称为"有机食品"。

农作物种植通常包括五个主要步骤。首先，农民通过挖掘和混合土壤进行前期准备工作。挖掘可以有效除草，使土壤疏松，保证水和空气流通。第二步是种植。第三步是翻土——在一排排作物之间翻动土壤。前三步使用了专业化机器。第四步是收获，也就是收割庄稼。在稻田里，农民们使用联合收割机这样的大型机器来切断植物的茎秆，并将谷物或种子从秸秆和其他混合物中分离出来。第五步是处理和存储。之后，供食用的农作物被尽快送往市场。但是，在拥有谷物干燥设备和大型储藏箱的农场里，粮食可以保存数月。

延伸阅读：农业；堆肥；农作物；肥料；果实；粮食；除草剂；园艺学；腐殖质；病虫害防治；土壤；表土；蔬菜；杂草。

黑粉菌是一种侵袭小麦植物的真菌。农民试图通过使用农药或种植对疾病有抵抗力的品种来预防和控制这种疾病。

农业

Agriculture

　　农业是一类有关农作物的生产活动。世界各地的农民通过种植植物或畜牧来生产食物、衣服或其他有用的东西。

　　农民种的植物叫作庄稼。农民种植许多农作物供人们食用，例如，小麦和水稻。水稻经过加工就是我们平时所说的大米，大米只需简单烹饪就可食用。小麦则经常用来做面包。许多庄稼可以用来饲养动物。例如，农民种植的大部分玉米是用来饲养牛和其他动物的，动物最后又会成为我们的盘中餐。

　　农民还种植农作物用于其他用途，例如他们种植棉花，棉花经过加工就会变成布料。他们也会种植一些农作物用作燃料，例如，大部分种植在巴西的甘蔗被转化为汽车和卡车的燃料。大豆等作物可用于制造肥皂、

农业起源于10000多年前的中东地区。

油漆、颜料和其他商品。

许多农民使用大功率的拖拉机和犁等现代化机器。农民种植良种提高产量。许多农民还使用化肥和杀虫剂等化学品，肥料促进作物生长，杀虫剂杀死昆虫和其他伤害作物的东西。一些农民不使用人工肥料和杀虫剂，他们只用天然的方法来种植作物，这样生产的食物叫作"有机食品"。

农业始于10000多年前。科学家认为，人们首先在中东地区开始耕作。但是，人们也在其他几个地区独立发展农业，包括东亚、中美洲和南美洲。在农业出现之前，大多数人从一个地方迁移到另一个地方寻找食物。农业使人们能够待在一个地方。最终，农业社区建立起世界上第一批城市。没有农业就没有文明。

延伸阅读：农艺学；植物学；卡弗；农作物；肥料；病虫害防治；表土。

在现代农业中，重型机械用于种植和收割作物，化学物质用于施肥和灭虫。

农艺学

Agronomy

农艺学是研究与农作物生产相关的科学。研究农艺学的科学家称为"农艺师"，他们研究作物生长发育规律及其与外界环境条件的关系，致力于改良农作物。

农艺师努力提高土壤的利用率。他们设法防止土壤流失，同时研究灌溉作物的方法，从而可以有效地节约用水。

许多农艺师致力于研究种植新作物。这种作物可能适应性更强，或更高产。其他人研究如何提高植物的抗病性。大多数农艺师都是教师或科学家，他们为政府、大学和企业工作。

延伸阅读： 农业；植物学；农作物；园艺学。

农艺师正在评估美国中西部的一片向日葵田。富含蛋白质的葵花籽用于制造黄油和食用油。

农作物

Crop

农作物是为人类使用而种植的植物。用来养活人类的农作物被称为"粮食作物"，大多数农作物是粮食作物。动物吃的庄稼叫作"饲料作物"。有些作物之所以被种植，是因为它们能产生纤维。植物纤维用于制造服装和许多其他产品，这些作物被称为"纤维作物"。其他农作物的种植是为了美化我们的环境。

粮食作物包括水果、蔬菜和谷物；动物饲料作物包括苜蓿、玉米和大豆等；纤维作物包括棉花、亚麻和大麻植物。为了城市美观而种植的农作物包括花、草、灌木和观赏树木。

延伸阅读： 农业；农场和耕作；花；果实；粮食；蔬菜。

浓密常绿阔叶灌丛

Chaparral

浓密常绿阔叶灌丛是灌木和小乔木生长的区域。灌丛喜欢气候温和、潮湿的冬季和炎热干燥的夏季，常见于地中海地区、南加利福尼亚州和墨西哥的部分地区，以及智利、澳大利亚南部和南非等地。灌丛是一种生物群落，是动植物多种生物种群的集合。

北美灌丛的植物包括熊果树、卷叶山红木、加州丛栎，尤其是一种美国本土生长的柏枝梅。大多数灌丛有坚硬的、弯曲的树枝，它们厚而坚韧的叶子在冬天不会脱落。很少有植物能长到超过3米高。在一些地区，密灌丛贴地生长，导致人们难以行走。生活在北美常绿阔叶灌丛中的动物包括郊狼、骡鹿和蜥蜴。

在漫长炎热的夏季里，常常会发生火灾。许多灌木的叶子里都有浓稠的汁液，也就是所谓的精油，这使它们变得异常容易着火。火烧是许多灌木的种子萌发的必要条件，并有助于清除浓密的地被，从而抑制乔木扩散，保持灌丛植被。同时火烧使地被裸露，促进新植物生长。

延伸阅读： 生物群落；灌木；鼠尾草属植物；乔木。

灌木和小乔木在炎热干燥的夏季和凉爽潮湿的冬季生长良好。火灾经常发生在夏季，可以帮助新的植物生长。

1. 卵叶盐肤木
2. 加州苞蓼
3. 白鼠尾草
4. 柏枝梅
5. 蜜腺鼠尾草
6. 小球花柳菀
7. 加州丛栎
8. 加州小百脉根

欧防风

Parsnip

叶

根

花

欧防风的根很长，看起来像胡萝卜。人们烹饪食用它的根部。

　　欧防风是一种长长的白色根菜，看起来像一个白色的胡萝卜。它主要生长在家庭花园，而不是农场。人们食用的部位是其根部。根部顶端，许多绿叶从地里生长出来。

　　欧防风于早春播种生长。起初生长缓慢，到了秋天就开始快速生长。由于整个冬天植物都"躲"在地里，所以冬天的寒冷不会伤害根部。人们大多不直接食用欧防风，而需要进行烹饪。它可以用作配菜或添加到炖菜和汤中。

　　延伸阅读： 胡萝卜；蔬菜。

欧芹

Parsley

　　欧芹是一种蔬菜，有时被认为是一种芳香植物，贴地生长，幼时茎多肉或多汁。在西餐中主要用来装饰肉类和色拉，叶子也被用作汤的调味料。叶片可以晒干食用。最受欢迎的欧芹品种拥有皱巴巴的叶子，另一种则有扁平的叶子。

　　欧芹是维生素的极佳来源，尤其富含钙、铁、维生素 A 和 C。但因为每次食用量少，所以几乎不能补充营养。

　　欧芹常在温室里播种，生长缓慢，在最后一次霜冻前一周需被移到花园里。采摘时，一次可以摘几片叶子食用。在冬天，人们有时在室内种植欧芹。

　　延伸阅读： 香草类植物；蔬菜。

欧洲夹竹桃

Oleander

　　欧洲夹竹桃是一种开花灌木，通常可以长到 4.6 米高。叶片革质，披针形，形状像剑一样；花的形状有点像玫瑰，大多数为红色或白色。

　　欧洲夹竹桃原产于亚洲和地中海地区，如今世界上很多地方都有种植。通常使用"水插"的繁殖方式，从树枝上剪取新的枝条，插入盛水玻璃容器中。几周后，插枝长出根来，即可移栽于潮湿的土壤。

　　欧洲夹竹桃喜温暖湿润的气候，在南方可以露天栽植，但在温带只能盆栽观赏，室内越冬。它是夏天最受欢迎的门廊植物。

　　延伸阅读： 花；灌木。

欧洲夹竹桃是一种开花灌木。叶片革质，披针形。花朵似玫瑰，五颜六色。

欧洲油菜

Rape

　　欧洲油菜是一种开花的草本植物和有价值的作物。人们种植许多品种的欧洲油菜都是为了收取它们含有油的种子。菜籽油来自于油菜籽，常用于烹饪并制造人造黄油等产品。这种油比较受欢迎，因为人们认为它比许多其他的油更健康。

　　欧洲油菜在世界大部分地区都有种植。有些品种用来作为牧草，有一种欧洲油菜叫作芜菁甘蓝，它有一个可食用的、像萝卜一样的根。

　　欧洲油菜植株高约 60 ～ 180 厘米。它有细长的、带分枝的茎，这些茎上长着蓝绿色的叶子。它们开淡黄色的花，花长约 1.3 厘米。一些品种只存活一年，另一些则存活两年。

　　延伸阅读： 菜籽油；农作物；香草类植物；油；芜菁甘蓝。

欧洲油菜

潘帕斯草原

Pampas

一位阿根廷高乔人（牧牛人）赶着羊群穿过潘帕斯草原。人们在阿根廷的大草原上耕作和放牧。

潘帕斯（Pampas）是一个瓜拉尼印第安语名称，意思是草原。地理学家把这个词用在南美洲的许多平原上，通常指环绕阿根廷首都布宜诺斯艾利斯的阿根廷平原。这个大草原从大西洋一直延伸到安第斯山脉。

阿根廷的潘帕斯草原拥有世界上最肥沃的土壤，非常适合种植小麦、玉米、苜蓿和亚麻等作物。

成群的牛在西部潘帕斯草原上吃草。富有的农场主在潘帕斯草原上拥有巨大的农场。他们把土地租给农民，雇佣工人帮助种植和收割庄稼。三分之二的阿根廷人生活在大草原上。这个国家的大多数城市和工业也在潘帕斯草原上。

延伸阅读： 农作物；草原。

胚

Embryo

胚是生长初期的植物或其他生物，生殖细胞结合时胚胎就产生了。精子是雄性细胞，卵子是雌性细胞，它们的结合叫作"受精"。受精卵不断分裂，形成一簇相连的细胞，这组细胞就是胚。

在显花植物中，胚珠被包裹在雌蕊的子房中，而胚珠中藏着卵子。微小的花粉粒把精子从一朵花送到另一朵花。每粒花粉里存在两个精子，一个精子使卵子受精，另一个精子则与胚珠中另外两个细胞结合，从而成为胚胎发育所需的养料。经过这一传粉受精过程，胚珠形成了种子，子房也就发育成了果实。

动物吃了果实后，把种子和身体的排泄物一起排出体外，于是种子又可以长成一棵新的植物。许多果实含有不止一粒种子。

延伸阅读： 受精；花；果实；花粉；繁殖；种子。

胚

松树种子胚胎

平原

Plain

　　平原是一大片几乎平坦的土地，大多数平原都比它们周围的土地要低，通常分布在海岸边或遥远的内陆。沿海的平原一般从海平面抬升，直到它们遇到更高的地形，如山脉或高原。内陆平原通常出现在高海拔地区。

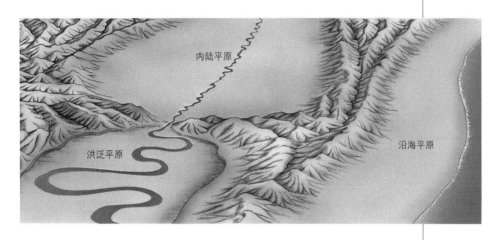

三大类平原包括沿海平原（附近海洋）、内陆平原（高原地区）和洪泛平原（河流下游）。

　　在温暖、潮湿的地方，平原上通常覆盖着茂密的森林。较干燥的平原地区则覆盖着草原，例如大平原，它从加拿大北部，经由美国的中西部，一直延伸到新墨西哥州和得克萨斯州。平原上的土壤通常很适合农业种植。

延伸阅读： 森林；草原；大平原。

许多内陆平原和洪泛平原，比如加拿大内陆平原，拥有高产出的农场。

苹果

Apple

　　苹果是生长在树上的最重要的水果之一。苹果生食或烹饪后食用皆可，可以烤制苹果馅饼和其他甜点，也可以用来制作苹果黄油、苹果汁、苹果酱、果冻和其他产品。

　　苹果有很多品种。它们的颜色从红色到绿色再到黄色。有些苹果有点酸。酸苹果包括布雷姆利苹果和罗马美人苹果等品种。许多苹果是甜的，甜苹果包括蛇果和嘎拉果。

　　苹果生长在世界上许多地方，要求冬无严寒，夏无酷暑。中国是苹果种植大国，意大利、波兰、土耳其和美国等国家也广泛种植。

　　延伸阅读：农作物；果实；乔木。

夏末或初秋，苹果生长成熟。

蛇果　　　　　金冠苹果　　　　　澳洲青苹

旭苹果　　　　考特兰德苹果　　　乔纳森苹果

苹果有许多品种。它们在颜色、味道、形状、大小和质地上有很大的不同。

葡萄

Grape

葡萄是在木质藤蔓上成串生长的多汁浆果。葡萄果皮光滑,颜色可能是黑色、蓝色、金色、绿色、紫色、红色,甚至白色。大多数葡萄用于酿造葡萄酒,有些种类则被作为新鲜的水果食用,它们被称为鲜食葡萄。葡萄也可以干燥成葡萄干,制成果汁或果冻,或与其他水果一起制成罐头。

一些葡萄树用种子播种。但大多是用葡萄树的枝条扦插繁殖的。这些插穗被插入沙质土壤中,然后开始生根,生长出新的植株。葡萄的生长需要大量的阳光,在温度为10℃或以上的地方才可以成长。

葡萄插穗成活后会开枝散叶,芽发育成了葡萄,一串葡萄可以有6个或多达300个浆果。古埃及墓画表明人们种植葡萄至少有4400年历史。当今,大多数葡萄在欧洲种植,特别是在法国、意大利和西班牙。美国生产的葡萄大部分种植在加利福尼亚州。在澳大利亚、中国、南非和南美洲的一些地区也有葡萄种植。

延伸阅读: 浆果;果实;藤蔓。

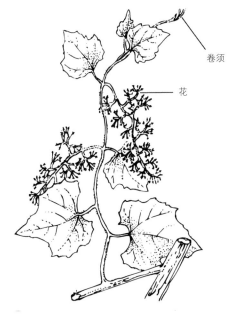

卷须

花

葡萄生长在木质藤蔓上。葡萄成串生长,果实数量从只有6个到多达300个。它的卷须扭曲,线状的部分攀附在其他物体上以支撑整个植株的重量。

葡萄生长在世界的很多地方。浆果颜色有黑色、蓝色、金色、绿色、紫色、红色或白色。

葡萄糖

Glucose

葡萄糖是一种糖，它是大多数生物进行生命活动的能量来源。葡萄糖由植物通过光合作用合成。

光合作用过程中，植物吸收水和二氧化碳，然后利用太阳能合成这些化学物质，产生葡萄糖，同时释放出氧气。植物的生存和生长都需要利用葡萄糖，动物则通过食用植物或捕食食草动物以获取葡萄糖。蜂蜜以及一些水果，如葡萄和无花果也含有大量的葡萄糖。纯的葡萄糖呈白色晶体，它的甜度大约是蔗糖的四分之三。

延伸阅读： 光合作用；糖。

葡萄柚

Grapefruit

葡萄柚是一种大而圆、果肉带有酸味的水果。人们喜欢吃葡萄柚并喝葡萄柚果汁。它富含维生素 C。葡萄柚树长着深绿色的叶子，开白色的花。它可以长到约 9 米高。葡萄柚的皮很厚，呈黄色或黄色带有一点粉红色。果实内部由长而多汁的果瓣组成。黄色葡萄柚有淡黄色的果肉，粉红色的葡萄柚有粉红色或红色的果肉。大多数葡萄柚有一些小种子。葡萄柚在全世界温带的大部分地区都有种植。美国的大部分葡萄柚来自佛罗里达州。

延伸阅读： 果实。

葡萄柚

蒲草

Bulrush

蒲草这种绿色植物看起来像草，生长在浅水区和湖泊、河流附近。

蒲草地上茎粗壮，可以长到 3.7 米高。有些长有叶片，有些没有。叶鞘抱茎，雌雄花序紧密连接，种子褐色。蒲草对人和动物都很重要。鱼在蒲草中产卵。鸭子和其他鸟类以其种子为食。麝鼠等动物吃蒲草根。人们用干蒲草制做垫子和篮子。

延伸阅读：香蒲。

蒲草

蒲公英

Dandelion

蒲公英是一种黄色的野花，它非常常见，生长在世界各地的草坪和草地上。大多数园丁认为蒲公英是一种杂草，而作为一种杂草，蒲公英很容易"春风吹又生"。

蒲公英的叶子有看起来像牙齿的缺口。花序直立而中空，含有白色的乳汁。金黄色的头状花序其实是一束小花，开花后形成棉絮状的果序。风把瘦果吹得到处都是，无论它们落在哪里，新的蒲公英都会生长。

为了除掉蒲公英这种"杂草"，园丁们必须把它的根系尽可能深地切断，因为它的根系可以长到地下 90 厘米那么长。当然为了避免麻烦，人们也可以使用特殊的化学物质杀死蒲公英而不伤害草坪。

蒲公英的嫩叶可以用来做色拉，也可以煮着吃，人们有时还用蒲公英花酿酒。

蒲公英

栖息地

Habitat

　　栖息地是生物在野外生存的空间。所有生物对生存空间都有一定的需求，比如合适的气候或食物。生物只有在满足它们生存需求的环境中才能存活。每种植物都需要一种特殊的栖息地。例如，睡莲需要一个池塘，它无法在沙漠中生存；但仙人掌需要沙漠中干燥炎热的环境，它无法在池塘里存活。

　　许多不同种类的植物和动物可以分享栖息地。乔木、野花和苔藓可能生活在森林中。同样，森林还为鸟类、鹿、昆虫和熊提供栖息地。

　　许多植物和其他生物都有灭绝的危险。栖息地的破坏对大多数生物来说是最大的威胁。例如，人们砍伐或烧毁了大面积的森林。这种栖息地的破坏威胁着许多植物和动物。

　　延伸阅读： 生物群落；森林砍伐；濒危物种；环境；森林。

水生植物如睡莲（下）在潮湿的栖息地茁壮成长，它们不能在沙漠环境下生存。沙漠植物如仙人掌（右下）在炎热干燥的地方茁壮成长，它们无法在潮湿的栖息地生存。每种植物都需要一种特殊的栖息地。

漆树

Sumac

漆树是一类小乔木或灌木，有些漆树是有毒的。某些分布在东亚的漆树是天然油漆的重要来源。

另一种中东地区的南欧盐肤木则是重要的烹饪用香料，这种香料被称为"盐肤木粉"。

没有毒性的漆树也有几十种，它们分布在气候温和或温暖的地区。火炬树有长长的叶片，叶片再由许多小叶子组成。它的果实很小，大多呈红色。火炬树是生长迅速的灌木。

有几种有毒的漆树分布在亚洲和北美洲。它们汁液中的油脂会刺激皮肤并引发皮疹。东美毒漆，也被称为毒长老或沼泽漆树，生长在沼泽和湿地中，尤其是在美国的大西洋沿岸和五大湖区，它可以长到 8 米高。其核果白色或淡黄色，簇状并下垂。

延伸阅读： 有毒植物；灌木；香料；乔木。

秋天许多漆树的叶子会变成鲜红色。同时也结有小而红的果实。

荨麻

Nettle

荨麻是一类植物。它的植株上覆盖着很小的刺毛。当有动物触碰了它，这些刺毛会折断并刺进动物的皮肤。刺毛内的汁液会导致动物疼痛或严重的瘙痒。不过，瘙痒不会持续很长时间。

荨麻的叶子在茎上成对生长。花小，呈密集状。荨麻在亚洲、欧洲和北美洲都有分布。

人们也会像吃菠菜那样煮食幼嫩的荨麻。许多人认为荨麻是一种杂草。

延伸阅读：杂草。

荨麻

蔷薇属植物

Rose

蔷薇属植物是所有花中最美丽的,颜色丰富,包括粉色、红色、黄色、白色和淡紫色。有些蔷薇属植物闻起来像茶或水果,其他的有些有香甜的气味,而有些几乎没有任何气味。

蔷薇属植物有成千上万种。可以基本分为三类,分别是原种蔷薇、古典月季和现代月季。原种蔷薇长得像带刺的灌木,花为单瓣五片。古典月季包括 1867 年以前培育的重瓣蔷薇,花瓣有好几层。现代月季包括 1867 年后发展起来的月季,许多园丁种的月季没有刺。

蔷薇属植物生长在世界上许多地方,更喜欢温和的气候或温带气候,那里有温暖的夏天和寒冷的冬天。许多国家和民族都把玫瑰作为国家的象征,这些国家包括伊朗、英国和美国。

延伸阅读：花。

杂交茶香月季通常是大花。在大多数情况下，每一株植物上只生长几朵花。杂交茶香月季闻起来像茶或水果。

乔木

Tree

乔木是一类高大的植物。世界上最高的乔木是加利福尼亚州的红杉，它们的高度超过 110 米，比 30 层的建筑物还要高。有些乔木也是世界上已知最古老的生物，它们存活了数千年，只要它们还活着就会继续成长。

乔木的主要部分是根、树干和树叶。根系将树固着在地上，它们从土地中吸收水和矿物质。树干很粗，通常有很多的分支从树干上伸出。叶子长在树枝上，利用来自阳光的能量通过光合作用为树合成养分。

世界上有数千种乔木，可分为六大类：阔叶树、针叶树、棕榈、苏铁、树蕨和银杏。

基于树叶、种子或其他结构所划分的六个主要的乔木类型为阔叶树、针叶树、棕榈、苏铁、树蕨和银杏。

阔叶树在春天开花并长出绿叶，大多数在秋天落叶。其种子长在由花朵发育而来的果实中。

棕榈树形成了热带树木中的一个庞大的群体。大多数棕榈树具有掌状叶并且树干不分枝。

针叶树有着针状或鳞片状的叶片，它们的种子长在球果中。大多数针叶树终年常绿。

　　阔叶树是最大的群体，其中包括白蜡树、榆树、槭树、栎树、核桃、柳树和许多其他大家熟悉的树木。它们还包括在热带地区发现的大部分树木，如桃花心木和红树林。阔叶树有宽阔扁平的叶片。

　　许多阔叶树在秋天落叶。绿叶在掉落之前通常变成黄色、橙色、红色或棕色。阔叶树也会开花，花朵会发育成包裹种子的肉质果实。

　　针叶树包括冷杉、松树、红杉和云杉。大多数针叶树有狭窄的、尖尖的叶子，看上去像针。它们的叶子终年常绿，不会在秋天脱落。种子长在木质的球果中。

　　棕榈是一大类开花的树木。这些树生长在温暖的气候中。大多数棕榈树没有分枝，羽状或扇形叶子簇生在树干的顶部并向外伸展。一些棕榈树长出巨大的果实，称为"椰果"。

　　苏铁看起来像棕榈。它们有一个厚厚的树干，不分枝，长长的、棕榈状的叶子成簇状。苏铁的种子长在像大松果一样的球果中。

叶和球果

带孢子的叶片

种子

叶

苏铁生活在世界上温暖、潮湿的地方。它们的球果大而重，可以长达90厘米。

树蕨是唯一的没有花、果实和种子的乔木。它们通过一种叫"孢子"的微小结构进行繁殖。

银杏结种子——但不是果实或球果。世上只有一种银杏幸存了下来。

树蕨看起来也像棕榈，但是树蕨没有花、种子或球果。作为替代，它们羽状叶子的背面有一种称为"孢子"的微小结构，树蕨利用这些孢子进行繁殖。

银杏有扇形叶子并产生种子。现今只有一种银杏。但数百万年前，世上有很多种的银杏。

人们以多种方式利用树木。木头、纸和橡胶来自树木。树木为人们提供了许多食物，包括水果、坚果、巧克力和咖啡。一些树木产生可用作药物的物质。此外，树叶释放出氧气，保证人和其他动物呼吸。树木还有助于保护土壤和水。在开阔的乡村，树木充当防风林防止大风吹走表土；树木的根系防止大雨冲刷土壤；树根也有助于将水储存在地下。在山区，森林可以防止滑雪造成的雪崩。森林还为野生动物提供栖息地，为度假者提供游憩场所。

延伸阅读： 亚马孙雨林；被子植物；生物群落；针叶树；软木；苏铁；落叶树；常绿植物；蕨类植物；森林；银杏；树胶；叶；坚果；棕榈植物；雨林；树脂；根；树汁；木材。

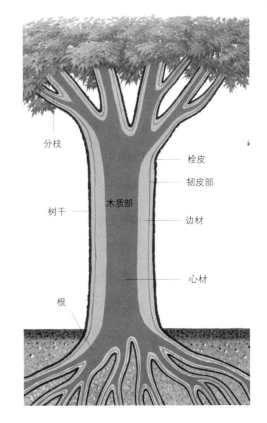

树的主要部分包括根、树干、树枝、树叶、栓皮（外皮）、韧皮部——内皮和木质部——木材。木质部包括外层的边材和内层的心材。

一段松树原木的横截面有 72 个年轮，表示这棵树活了 72 年。许多树木每年长出一层木材。树干中的这些层可以视为心材和边材的年轮。

茄科

Nightshade

茄科植物是管状花目下的一科植物。茄科中有多种重要的蔬菜、经济植物和观赏植物,世界上有成千上万种茄科植物,大多分布在南美洲和中美洲。

人们经常食用的茄科植物包括土豆、番茄和辣椒。矮牵牛和烟草也是茄科植物。有些有毒,比如天仙子、曼陀罗和颠茄,它们用作药用植物时应小剂量使用。动物也吃某些茄科植物。

欧洲人曾经认为女巫会利用某些茄科植物。在 15 世纪,人们认为番茄和土豆有毒。

延伸阅读: 有毒植物;土豆;烟草;番茄;矮牵牛。

番茄

茄科植物包括番茄和矮牵牛。

矮牵牛

茄子

Eggplant

茄子是一年生草本植物,也称为"紫茄""落苏"。品种有圆茄、长茄、卵圆形茄。有些圆茄长得几乎和足球一样大。茄子通常被当作蔬菜,可以油炸或烘烤。

茄子有白色、棕色、黄色、紫色或条纹色。果实长在高 60 ～ 180 厘米的植株上,喜欢温暖宜人的气候,需要 115 ～ 120 天才能成熟。茄子最早可能生长在印度北部,后来传播到世界其他地区。自 1860 年以来,紫色品种的茄子一直是美国人很喜欢的蔬菜,尽管它的维生素含量很低。

延伸阅读: 果实;蔬菜。

茄子

芹菜

Celery

芹菜是一种爽脆的蔬菜,它跟胡萝卜和欧芹是近亲。人们在色拉中生吃或蘸着吃芹菜,也用芹菜做汤。芹菜的茎很长,顶端长着羽毛状的叶子。茎从一个短基部长出来。芹菜的茎长可以达到36厘米。这也是人们食用的部分。

芹菜在凉爽的环境里长得最好。它需要一个很长的生长期,喜欢湿润肥沃的土壤。人们把芹菜种在温室里,可以使这些植物远离极端冷空气。生长到一定的高度后,它们会被移栽到温室外,一年后收割并重新种植。

延伸阅读: 胡萝卜;欧芹;蔬菜。

芹菜

秋海棠

Begonia

秋海棠是很受欢迎的园艺植物,品种很多。大部分秋海棠的叶片有光泽。有些品种因为花色丰富值得观赏,有些则因其丰富多彩的叶子而备受推崇。大部分品种在阴凉处生长状态最佳。

四季秋海棠是一种受人喜爱的园艺植物,花粉红色、红色或白色,蜡质叶片。毛叶秋海棠是另一种受欢迎的园艺植物,以其色彩鲜艳的大朵花瓣而备受推崇,叶红色、白色或银色。

延伸阅读: 花。

四季秋海棠花色和叶色丰富。它在阴凉处可以茁壮成长,经常用于装扮窗台或吊篮悬挂点缀。

R

人参

Ginseng

人参是一种被种植以收获其根部的草本植物。它的根部在许多国家都被用作药物。然而，其药用价值尚未得到证实。制造商常常将人参成分添加到诸如洗发水、护肤霜和软饮料中。人参的根经过干燥后整个出售，然后被磨成粉末状，或者加工成片剂。

人参是一种顶部有三到五片复叶的低矮植物，每片复叶有五片小叶。人参有一根长而肉质的根，像人体的形状。人参的英文名字 (Ginseng) 来自中文，意思是类似于一个人。野生人参几乎消失了。人参的人工种植主要集中在中国、韩国和美国。在美国栽培的西洋参最终大部分都出口到了中国。

延伸阅读： 根。

人参

忍冬

Honeysuckle

忍冬是一种具有光滑椭圆形深绿色叶片的灌木或藤蔓植物，通常开美丽的、喇叭形的花朵。花色有白色、黄色、粉色、紫色或鲜红色。花落后结成浆果。浆果有红色、黄色、白色、黑色或蓝色。

人们种植忍冬用于观赏。大多数忍冬适应性强，容易成活。忍冬广泛分布于世界温带地区。它们的种类很多，其中一些是常绿植物。

很多鸟喜欢吃忍冬的浆果。吃了浆果后，鸟类就将种子带到其他地方。在那里，新的忍冬得以生长。蜂鸟、蜜蜂和飞蛾都喜欢忍冬甜美的花蜜。当它们采食花蜜时，便将花粉带至另一朵花。一些忍冬也被称为"树蔓"。

延伸阅读： 花；灌木；藤蔓。

新疆忍冬

入侵物种

Invasive species

　　入侵物种是指传播到新的地方，并对当地造成侵害的生物。物种是一种特定的生物，人们将许多物种从一个地方迁移到另一个地方。入侵的物种之所以能发展壮大，是因为新的地方少有能限制它们生长的因素。例如，在新的地方，通常没有以这个物种为食的动物。

　　来自亚洲的葛藤在世界的很多地方已经成为一个入侵物种。当初，美国引进葛藤是为了控制水土流失，但是快速生长的葛藤很快就在美国南部地区失去了控制，到处蔓延。葛藤从其他植物那里争夺了空间、水和阳光。

　　入侵性的害虫甚至可以通过威胁本土物种，进而改变整个栖息地。在佛罗里达州，引入五脉白千层以后，森林火灾便急剧增加。这些树具有高度易燃的树皮和树叶。而强烈的山火烧死了许多本土植物。五脉白千层一年内能多次开花，并结下许多种子。因此，它们可以迅速侵占栖息地，阻止本土植物的再生。原生植物的丧失对以这些植物为食并靠它们提供栖息场所的动物们造成了灾难。防止入侵物种最有效的方法，就是阻止它们的引入。许多国家禁止旅行者携带外国植物入境。人们也可以连根拔除入侵植物或用除草剂杀死它们。但要根除一种已经扩散了的入侵物种异常困难。

　　延伸阅读： 自然平衡；濒危物种；栖息地；物种。

亚洲的葛藤在美国南部已经成为了入侵物种。铺天盖地的野葛对本土植物形成了危害，它甚至可以杀死成年的树木。

软木

Cork

软木是一种轻质的海绵状外皮产物，来自于西班牙栓皮栎树的树皮。软木常用来做塞子，防止瓶中液体溢出。红酒瓶的塞子经常用软木，被称为"软木塞"。粉状的软木可以用来做隔音材料，也可以隔热或防寒。

大部分软木来自西班牙和葡萄牙，那里生长着许多西班牙栓皮栎。西班牙栓皮栎有一层厚厚的死皮。在死皮下面，有一层正在生长的活树皮。通常 20 年生或以上的植株即可进行第一次采剥，所得的皮称"头道皮"或"初生皮"。以后每隔 8 ~ 10 年再采剥，所得的皮称"再生皮"，皮厚在 2 厘米以上。采剥不会对树造成伤害。工人们从较低的树枝上砍下长长的树皮，然后把树皮在水中沸煮，刮干净晾干制成。

延伸阅读： 橡树（栎树）；乔木。

软木是来自西班牙栓皮栎的树皮，它原产于南欧。

S

三齿蒿

Sagebrush

三齿蒿是美国西部的一种灌木，喜欢干燥疏松的土壤。它们生长在加利福尼亚州东北部、俄勒冈州东部、内华达州、犹他州、怀俄明州和科罗拉多州。

三齿蒿可以长到 0.6 ~ 3.7 米高，茎又高又直，叶片较小，紧密地长在一起。这种植物开黄色或白色的小花。夏天的炎热和干燥会使它们缺水干枯，看起来像已经死了。大风把植物连根拔起，滚来滚去，于是种子就成功传播了。

延伸阅读： 沙漠；灌木。

三齿蒿

三叶草

Shamrock

三叶草是多种拥有三出掌状复叶的草本植物的通称。它是爱尔兰的国家象征。许多爱尔兰人在圣帕特里克节佩戴三叶草。据传，圣帕特里克在爱尔兰种植三叶草，用这三片叶子代表圣三位一体（基督教中的圣父、圣子和圣灵）。三叶草这个名字来自爱尔兰语，意思是三片叶。白车轴草是典型的三叶草，这种植物有细长的匍匐茎和白色或粉白色的花。

延伸阅读： 车轴草。

三叶草 (酢浆草)

三叶天南星

Jack-in-the-pulpit

三叶天南星是美国的一种野花，主要分布在美国的东半部，生长在潮湿的林地、洪泛平原和沼泽地区。它们有时也被称为"印度萝卜"或"沼泽洋葱"。

三叶天南星的小花簇生在细茎的顶部，称为"肉穗花序"。肉穗花序外有一片头巾状的叶片保护着花序。这片叶被称为"佛焰苞"。它看起来像一个花瓣。这个肉穗花序被昵称为"传教士"，而佛焰苞的绰号是"讲坛"。传教士是牧师，讲坛是升起来供传教士说教的平台。

佛焰苞的颜色从绿色到紫色或青铜色都有。佛焰苞也可能有斑纹。花期4—6月。夏末，佛焰苞脱落，留下簇生的猩红色或红橙色的浆果。天南星生食是有毒的，因为它的植物组织中含有成束的针状晶体，这些晶体会对食用者的口腔和咽喉造成伤害。

延伸阅读：花；有毒植物。

三叶天南星

桑

Mulberry

桑是一种乔木或灌木，结小而甜的果子。这种果实称为"桑葚"。桑葚有白色、紫色或红色，每个"浆果"由一群单粒种子的小果实所组成。桑树的花呈绿白色，成簇生长。这些花序通过花序梗悬挂在树枝上。桑的叶子呈椭圆形或心形。

桑有很多种，它对丝绸业很重要。桑叶为蚕提供食物。桑蚕起源于中国。白桑在美国被广泛种植，它们是坚韧的灌木，非常适合用作树篱。种植者经常将它们用作防风林。红果桑在美国的大部分地区有野生分布，它们也被称为"美国桑"。农民们将桑葚喂给猪和家禽。黑桑遍布整个欧洲。它们结多汁、深红色的果实，可以生吃，也可以用来制作果酱和果酒。

延伸阅读：浆果；果实；灌木；乔木。

桑葚

森林

Forest

森林是以木本植物为主体的生物群落，是集中的乔木与其他植物、动物、微生物和土壤之间相互依存相互制约，并与环境相互影响，从而形成的一个生态系统的总体。许多鸟类和昆虫也在森林里安家。森林提供了很好的资源，比如木材和造纸原材料。森林可以防风固土、涵养水源。森林的自然美景和宁静给人们带来了极大的享受，同时也是"地球之肺"，每一棵树都是一个氧气产生器和二氧化碳吸收器。

林冠层

林下叶层

灌木层

草本层

森林底层

每个森林都分为好几层，从高到低的五个基本层是：(1) 林冠层，(2) 林下叶层，(3) 灌木层，(4) 草本层，(5) 森林底层。这幅图显示了温带落叶林中可能出现的不同植物层次。

　　过去的森林覆盖面积比现在多很多。森林资源是有限的，不合理的滥伐会造成生态灾难。热带雨林生长在赤道附近和东南亚，那里一年四季气候温暖湿润。最大的热带雨林位于南美洲的亚马孙河流域和非洲的刚果河流域。流域指由分水线所包围的河流集水区。

　　热带季雨林喜欢气候比较凉爽的地方，或有雨季和旱季的地方。它们分布在中美洲、南美洲中部、非洲南部、印度、中国东部、澳大利亚北部和太平洋的岛屿上。温带落叶林生长在夏季温暖、冬季寒冷的地方。落叶植物是指在冬季前落叶的树木，落叶林主

温带落叶林中，树叶在落叶之前改变颜色。

当森林覆盖草地时，像松树和杨树这样快速生长的树木可能先生长。慢慢地，这变成了一片落叶林，以秋天落叶树为主。一个成熟的落叶林的林冠层是由一些生长缓慢、寿命长的树木组成的，例如橡树。

草甸先长出来。小松树在草丛中萌芽。

常绿的森林慢慢形成。常青树越长越高，落叶树则在其下层生长。

随着年长松树的死亡，落叶树越来越多。

落叶林取而代之。

北方针叶林生长在冬季极其寒冷的地方，例如加拿大的大部分地区。

热带雨林生长在地球上最温暖的地方，在赤道上或其附近。

要分布在北美洲东部、西欧和东亚。温带常绿林生长在冬季温和、雨量充沛的沿海地区，这些森林沿着北美洲西北海岸、智利南海岸、新西兰西海岸和澳大利亚东南海岸生长。

北方针叶林生长在冬季非常寒冷的地方，横跨亚洲北部、欧洲和北美洲。热带稀树草原是指树木相距很远、地面被青草覆盖的地区，分布在中美洲、巴西、非洲、印度、东南亚和澳大利亚。温带稀树草原也称为林地，分布在美国、加拿大、墨西哥和古巴。

延伸阅读： 亚马孙雨林；针叶树；落叶树；森林砍伐。

森林砍伐

Deforestation

森林砍伐是指对森林的破坏，通常发生在人们需要建造农场或城市的时候。大片森林被砍伐后被用作木材和燃料。树木生病也是森林砍伐的一个主要原因。

天然森林曾经覆盖了世界上大部分地区。半数原始森林已经遭到了破坏，剩下的大部分森林也正在遭受破坏。许多森林被农田、道路或城市分割成小块。

许多地区至少失去了90%的原始森林，包括欧洲、北美东部、东亚和南亚的大部分地区。许多岛屿的森林已被砍伐。例如，大多数原始森林已经从日本、马达加斯加和新西兰的岛屿上消失。

巴西为了给牧场腾出空间而焚烧雨林的行为加剧了全球变暖。砍伐树木意味着向空气中释放的氧气更少，空气中的二氧化碳增多。

森林砍伐在热带地区尤为严重。每年多达1600万公顷的热带森林被摧毁，这相当于每分钟50个足球场的速度。热带森林为各种动植物提供了家园，随着森林被破坏，这些生物有灭绝的危险。

森林的消失引起许多问题。树根能储存雨水，起到固土的作用。因此，砍伐森林导致水土流失和洪水泛滥。树木也会释放大量的氧气，人类和其他动物需要氧气来呼吸。树木还能清除空气中的二氧化碳，而二氧化碳的增加是全球变暖，即地球表面平均温度上升的主要原因。

在过去的100年里，人们试图保护世界上的森林。在许多地区，人们建立了国家公园和保护区来减少森林砍伐。

延伸阅读： 保护；濒危物种；灭绝；森林；雨林。

沙漠

Desert

在美国亚利桑那州南部的烛台掌国家保护区里，这些植物在干燥炎热的环境中茁壮成长。

　　沙漠主要是指地面完全被沙所覆盖、植物非常稀少、雨水稀少、空气干燥的荒芜地区。然而，有些植物却能在沙漠中茁壮成长，包括各种仙人掌和牧豆树；一些动物也能生活在沙漠里。沙漠每年的降雨量不到 25 厘米，有时几年不下雨。夏天，一些沙漠的温度白天可以达到 38℃，晚上则降至 7℃。有些沙漠在冬天温度会更低，甚至下雪。

　　在沙漠里，植物有特殊的取水方式。有些植物有发达的根系，为了寻找水源而深入地下。植物也可能把根送到周围很远的地方，这使得植物在下雨时能吸收尽可能多的水。仙人掌用各种办法来储存水分，比如外表用蜡质覆盖用于保水，也没有像其他普通植物一样容易引起水分蒸发的叶片。

　　许多沙漠植物可以通过叶片、根或茎储存水分。例如，仙人掌植物"圆桶掌"，它的茎会在降雨后迅速膨胀；当植物使用水分时，茎会收缩。

　　许多植物可能生长在绿洲周围。绿洲是浩瀚沙漠中有水有草的地方。这里的地下水接近地表，沙漠植物很容易通过根系吸收。在沙漠的某些地方可以找到溪流，这些溪流中的水始于沙漠外的山脉。

戈壁沙漠是一个多风、几乎没有树木的沙漠，横跨蒙古南部和中国北部的部分地区。冬天很冷，夏天很热。

地球上大约五分之一的区域被沙漠覆盖，每个大洲都有沙漠。世界上最大的沙漠是北非的撒哈拉沙漠，它覆盖了900万平方千米的土地，这大约相当于整个美国的面积。在北美，沙漠覆盖了130万平方千米的土地，包括亚利桑那州的彩绘沙漠和索诺兰沙漠、加利福尼亚州的莫哈韦沙漠和科罗拉多沙漠。

不是所有的沙漠都很炎热。例如，在南极和北极附近的一些地区也有沙漠，南极洲的大部分地区是冰冻的沙漠，陆地上覆盖着冰，但很少下雪。

延伸阅读： 仙人掌；灌溉；牧豆树；绿洲。

南极洲的大部分地区是冰冻的沙漠。天气很冷，但几乎没有降雪或其他降水。

山杨

Aspen

山杨拥有中等大小的个头和光滑浅色的树皮。叶芽卵形，长枝叶宽卵形或三角状卵形。它们生长在北美、欧洲、亚洲和非洲。

北美最常见的杨树叫"美洲山杨"。从英语单词直译过来叫"颤抖"，因为它的叶子可以在微风中摇摆。这种树在北美北部被发现，也生长在北美西部的山区，远至墨西哥。

大齿杨生长在加拿大东南部，也从美国的明尼苏达州和爱荷华州向东扩展。它的叶子边缘有巨大的、像牙齿一样的褶皱。欧洲山杨在欧洲、北非、西亚和西伯利亚都有发现。

山杨喜欢阳光充足的地方。人们用山杨木制作纸张、火柴和箱子。

延伸阅读： 杨树；乔木。

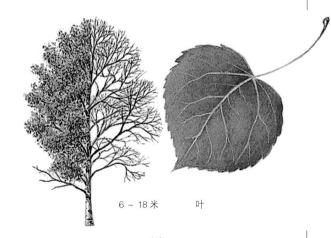

6～18米　　　叶

山杨

芍药

Peony

　　芍药是一种开着艳丽花朵的花园植物，品种丰富。在早春，一簇簇红色闪亮的嫩芽长成灌木状的茎。这些花出现在晚春或初夏，呈粉色、红色、黄色或白色。

　　在美国生长的许多芍药品种是南欧常见的荷兰芍药与中国芍药杂交的后代。常见的芍药有白色、红色或深红色的大花，没有多少香味。中国芍药则花开复色，芳香四溢。

　　有木质茎的芍药科花卉称为"牡丹"。这些牡丹有艳丽的白色和玫瑰色花朵，长在 90～120 厘米高的茎上。牡丹为多年生植物，生长缓慢，在每一个生长季节都会开花。

　　延伸阅读： 花。

芍药

渗透

Osmosis

　　渗透是液体从一种溶液流动到另一种溶液的过程。在渗透作用中，液体通过半透膜——一种很薄的材料，只允许某些特定物质通过。

　　渗透是生物的基本过程。植物通过渗透吸收大部分水分。水可以通过渗透作用穿过根部周围的膜。这种薄膜不允许土壤中的大颗粒进入，还能防止植物赖以生存的营养物质从根部流失。

　　延伸阅读： 根；土壤。

植物主要靠根部周围的膜通过渗透作用从土壤中吸收水分和矿物质等。

生菜

Lettuce

　　生菜是一种绿叶蔬菜。它通常贴着地面生长，主要用来制作色拉，大多直接生吃。生菜主要有三大类：结球生菜最常见，它的叶子朝中心卷曲并形成球形；皱叶生菜长成密实的叶丛而不是球状，人们种植皱叶生菜最多；直立生菜长得又长又直，叶子向内弯曲，它比其他种类的生菜含有更多的维生素和矿物质。大多数生菜都被种植在田地里，但也有一些生菜种植在温室里，可以免受寒冷。生菜必须在收获后立即包装、冷藏和运输，因为它很容易腐烂。

　　延伸阅读： 蔬菜。

各种生菜，包括结球生菜、皱叶生菜和直立生菜。

结球生菜　　　　　　皱叶生菜　　　　　　直立生菜

生命

Life

　　生命是所有生物共有的一种特殊状态。人们通常觉得很容易就能区分生物和无生命的物体。一只蝴蝶、一匹马和一棵树显然是活着的。一辆自行车、一座房子和一块石头显然没有生命。人们认为，如果它能够活动，那它就是活的。这种活动包括生长和繁殖。活着的生物被称为"有机体"。

　　科学家发现很难给生命下一个令人满意的定义，部分原因在于世界上有数百万种不同的生物。这些生物几乎没有共同之处。其中有一些生物，比如细菌，实在太小，没有显微镜根本看不到。其他的，如巨杉和蓝鲸，又太巨大。

　　尽管存在差异，但所有生物在某些方面都是类似的。生命的基本单位是细胞,细胞就像一个小隔间。许多生物由单个细胞组成,细菌就是单细胞生物。其他生物有由数十亿甚至数万亿个细胞组成的身体,这些多细胞生物包括植物和动物。

所有生物都可以繁殖。也就是说,它们可以制造出更多的自己。有些生物通过一分为二的方式进行增殖,细菌就是以这种方式进行繁殖的。大多数植物通过两个来自父母的细胞相结合来繁殖。特殊的性细胞结合形成一个胚胎细胞,胚胎可以发育成一个新的个体。在大多数植物中,性细胞是由花形成的。

所有生物都在成长。大多数植物从种子开始它的生命周期,甚至连最高的巨杉也是由一粒小种子长成的。整个生长过程需要很多年。成熟的树可能存活数百甚至数千年。但最后,所有生物都会死亡。死亡使新事物的形成成为可能。

典型的植物的生命,从种子发芽、茎和叶离开土壤时就开始了。

生物的存活必须消耗能量。植物通常从太阳中获得能量。它们利用阳光中的能量来制造糖,这个过程称为"光合作用"。植物用这些糖生存和生长,动物则从植物那里获得能量。许多生物可以四处走动,其他生物则固着在一个地方。植物通常依靠动物或风来传播到新的地方。例如,一些种子的形状可以捕获到风。其他种子有特殊的钩子,可以挂在动物毛皮上。成年植物中,大部分运动发生在植物体内。几乎所有植物都有特殊的管子,这些管子可以将水从根部输送到叶子中,另一些管子将食物从叶子中转移到植物的其他部位。

生物也会对周围环境的变化做出反应。例如,许多植物会慢慢将叶子转向太阳。大多数科学家认为生命是通过自然发生在海洋中的化学过程而产生的。科学证据表明,第一次生命形式出现在大约35亿年前。这种生命形式是当今所有生物的祖先。

进化论描述了生物如何在很长一段时间里进行变化,进化描述了如何从单一生命形式发展成为当今存活着的各种生物。

延伸阅读: 生物学;细胞;死亡;进化论;生命周期;植物。

生命周期

Life cycle

蕨类植物的生命周期有两个主要阶段。首先，植物长成为心形的配子体，配子体产生性细胞。随后，植物长成了孢子体，也就是大家所熟悉的蕨类形式。孢子体产生孢子。

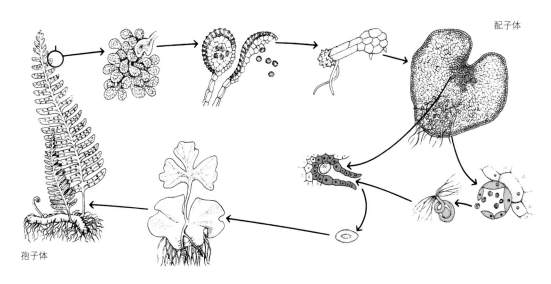

配子体

孢子体

生命周期是特定生物成长和繁殖必须经历的一系列阶段。所有生物都有生命周期，但是一种生物的生命周期可能与另一种生物完全不同。

植物具有复杂的生命周期。植物的生命周期有两个主要阶段，这种安排被称为"世代交替"。在一个阶段，植物产生被称为"孢子"的微小细胞。在这个阶段，植物被称为"孢子体"。几乎所有我们比较熟悉的植物都属于生命周期中的孢子体阶段。例如，草坪上的花、草和树木都是孢子体。

孢子会发育成一种新的植物形式。这种形式产生性细胞，也称为"配子"。这种形式的植物被称为一个"配子体"。大多数植物的配子体很小，它通常是不可见的，因为它位于保护它的孢子体内。在显花植物中，配子体存在于花中。性细胞使父母双方能够生产后代。雄性性细胞称为"精子"，雌性性细胞称为"卵子"。精子与卵子结合，也就是精子使卵子受精，受精卵被包藏在种子内。

找到了合适土壤的种子可以长成新的孢子体。孢子体长大成一株成年植物可能需要很多年，然后成年孢子体可以产生孢子，开始一个新的生命周期。在一些植物群体中，配子体并不隐藏在孢子体内。例如，在蕨类植物中，配子体看起来像一个小的、心形的植物。我们熟悉的蕨类植物属于孢子体阶段。而在藓类中，配子体是常见的形式，孢子体栖身于配子体上。这种顺序与有花植物和其他种子植物的发育方式正好相反。

有些植物只在一个生长季节完成整个生命周期，这些植物称为"一年生植物"。其他需要两个生长季节的植物称为"二年生植物"。还有一些植物能活多年，这些称为"多年生植物"。有些树木可能存活数百年甚至数千年之久。

延伸阅读： 一年生植物；二年生植物；肥料；生命；多年生植物；植物；繁殖；孢子。

生态学

Ecology

　　生态学研究的是生物之间以及与它们周围世界如何相互联系。研究生态学的科学家称为"生态学家"。

　　每一种生物都依赖于其他生物和它所处环境中的非生物。例如，驼鹿以某种植物为食。如果它周围的植物被摧毁，驼鹿将不得不转移到另一个地区。否则，它可能会饿死。植物也依赖于动物。动物粪便提供了植物赖以生存的营养物质，这些营养物质称为"营养素"。

　　环境中的生物和非生物组成了一个生态系统。生态学家将大多数生态系统分成六个部分：(1) 太阳；(2) 非生物；(3) 初级生产者；(4) 初级消费者；(5) 次级消费者；(6) 分解者。太阳提供了几乎所有生态系统所需的能量。植物和其他一些生物利用阳光中的能量来制造自己的食物。这些生物是初级生产者。植物也需要营养和水等非生物。许多动物以植物为食，包括蚱蜢、兔子和鹿，此类动物是初级消费者。以初级消费者为食的动物包括狐狸、鹰和蛇，这些动物称为次级消费者。次级消费者也可能依赖于其他次级消费者。分解者把死去的植物和动物分解成简单的营养物质。营养物质回到土壤

　　生态学家从三个方面研究自然界：人口、群落和生态系统。生态系统是一个区域内所有生物、非生物及其相互关系的自然系统。下面展示了一种生态系统。每个主要部分都以不同的方式显示。

太阳是生态系统的能源终端。

树木利用阳光制造食物。

松鼠主要以坚果和种子为食。

鹰吃兔子和其他小动物。

兔子吃车前草等植物。

磷和水是生物生存所需要的非生命体物质。

细菌和真菌把植物和动物的遗骸分解成植物生长所需要的营养物质。

狐狸和貂以小动物为食。

动物尸体被分解者吃掉。

中，又被植物利用。分解者包括真菌和微生物。

在一个生态系统中，物质能量通过食物链的方式流动和转换。在一个简单的食物链中，草是初级生产者，兔子是吃草的初级消费者，狐狸是吃兔子的次级消费者。这个例子展示了能量如何以食物链的形式从草转移到兔子，再到狐狸。大多数生态系统都有各种生产者、消费者和分解者。例如，草、灌木和乔木作为初级生产者可能生长在一个地区。树叶被昆虫吃掉，昆虫被鸟类吃掉，而鸟类也可能被更大的鸟类吃掉。

在澳大利亚的一个生态恢复地区，生态学家试图恢复该地区的植物。生态学家致力于保护环境和恢复受损的生态系统。

这样，不同的食物链就会重叠。这些重叠的食物链构成了一个食物网。大多数生物只使用了一小部分能量——它们可以利用这些能量来生长。植物转化为食物的阳光不超过 1%，植物利用这些能量来生存。同样的，食草动物只需要 10% ～ 20% 的能量来生长，剩下的能量维持生存状态。食肉动物也只用食物 10% ～ 20% 的能量来生长。这样，在食物链的每个阶段可以利用的能量越来越少。因此，所有的生态系统都形成了一个能量金字塔。植物构成了金字塔的基础。食草动物构成了次一个阶层。它比下面的能级要小，因为能量更少。食肉动物构成了又次一个阶层，同样小于下面的能级。

以植物为食的动物称为"食草动物"；以其他动物为食的动物称为"食肉动物"；既吃植物又吃动物的动物称为"杂食动物"。大多数食肉动物通过捕食来获得食物，这种狩猎动物称为"捕食者"，一些食肉动物则以动物尸体为食。

许多生态学家试图找到保护环境的方法，他们致力于保护地球的自然资源，包括森林、土壤和水。另一些人则试图解决危害动植物生命的环境问题。

延伸阅读： 适应；自然平衡；保护；腐烂；环境；食物链；食物网；栖息地。

生物多样性

Biodiversity

生物多样性被用来描述一个地区的植物、动物和其他生物的差异。这个词是生物的多样性(biological diversity)的简称。许多生物的生存依赖于生物多样性的维持。一个地区所有不同种类的生物都被连接在一张生命之网中，生命之网描述了生物如何相互依赖。

雨林是地球上生物多样性最丰富的地方。雨林中生活着各种各样的动植物。

例如，许多动物吃植物果实，这些果实含有植物用来繁殖的种子，动物吃下后内脏里携带了种子。随后，种子就通过动物粪便排泄。通过这种方式，动物帮助植物找到生长的地方。没有植物充饥，许多动物会饿死，如果没有动物来携带种子，许多植物就无法传播。因此，植物和动物彼此依赖。

生物多样性是非常重要的，因为当生物种类繁多时，生命之网就会变得更加强大。一种植物可能会消失，但还有很多其他的植物来创造果实。因此，该地区的动物不会受到饥饿摧残。同样，一种动物可能会消失，但仍有许多其他动物吃果实和传播种子。因此，该地区的植物不会受到太大的影响。在生物多样性较少的地区，生命之网很容易被破坏。例如，一种植物的灭绝可能导致许多动物死亡。

保护生物多样性也是帮助人类自身。生物多样性对于保持健康的生态环境至关重要。人们依靠环境获得空气、食物和水。保护生物多样性也有助于拯救植物，这些植物可能是重要的食物或药物。此外，生物多样性保证了自然世界的美丽多彩。

延伸阅读： 自然平衡；保护；生态学。

生物群落

Biome

生物群落是一个大区域内所有生物的集合。生物群落的边界通常是由气候决定的。每种生物群落都有类似的植物、动物和微生物，因此，亚洲的草原生物群落与北美的草原生物群落非常相似。

最冷的生物群落被称为"苔原"。苔原是一个寒冷、干燥、没有树木的地区。这类地区生长着低矮的灌木和草类。

森林生物群落覆盖了陆地的大部分地方。它的种类很多，最大的是寒带森林或北部针林。那里冬天又长又冷，夏天很短，生长着大片的常绿林。

沙漠生物群落的气候炎热干燥。它是仙人掌、草丛和灌木的家园。生活在特定生物群落中的植物具有符合当地生存环境的生长特征。例如，仙人掌在沙漠生物群落中很常见，它的表皮是蜡状的，可以减少

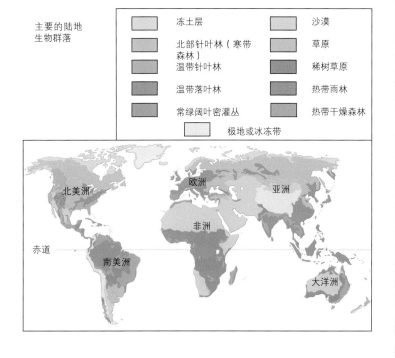

主要的陆地生物群落

冻土层		沙漠	
北部针叶林（寒带森林）		草原	
温带针叶林		稀树草原	
温带落叶林		热带雨林	
常绿阔叶密灌丛		热带干燥森林	
极地或冰冻带			

北美洲　欧洲　亚洲　非洲　南美洲　大洋洲　赤道

高山苔原太冷，树木无法生长。

草原是拥有丰富草本植物的开阔地区。

种类丰富的仙人掌生长在美国西南部的沙漠生物群落中。

热带雨林生长在全年气候温暖潮湿的地区。

水分蒸发。这一特性使仙人掌比沙漠生物群落中的其他植物更具有优势。

　　延伸阅读: 沙漠;森林;草原;栖息地;雨林;稀树草原;针叶林;苔原。

生物学

Biology

生物学是研究生物的自然科学。生物也被称为"生物体"。地球上有成千上万种不同的生物，从微小的细菌到最大的树木，它们涵盖一切。

有生命的物体不同于无生命的物体。所有的生物都通过繁殖来制造更多的同类。生物也会生长。它们对周围环境的变化作出反应。例如，随着冬天的临近，许多树通过落叶来减少有机物消耗。而石头是无生命的东西，它不会繁殖和生长，也不会对周围环境的变化做出反应。

研究生物的科学家称为"生物学家"。生物学家有很多门类。植物学家研究植物，他们学习植物如何生长和繁殖，研究不同种类的植物之间的关系。

农艺师研究作物和土壤。他们致力于改善农业生产的效率。生态学家研究不同种类的生物如何在一个地区生存以及生物体之间如何互相影响。

其他种类的科学有时与生物学结合在一起。生物学和化学的结合叫作"生物化学"。生物化学家研究发生在器官内部的化学反应。生物学和天文学的结合称为"天体生物学"。天体生物学家在其他行星上寻找生命。

生物学家使用许多不同的工具和方法。显微镜是他们最重要的工具之一，可以帮助科学家看到那些眼睛无法看到的微小物体。

许多生物学家通过实验进行研究。在一些实验中，生物学家通过改变植物生长环境或养分，观察植物发生的变化。例如，改变植物生长的土壤类型，看看这会如何影响植物的生长。

生物学也使人们生活得更好。生物学家已经学会如何让玉米、小麦和其他农作物长得更大更健康。这项工作帮助农民种植了更好的作物，反过来也养活了世界上更多的人。

其他生物学家已经从植物中找出了可以制作药物的物质，这项工作帮助医生更好地治疗疾病。

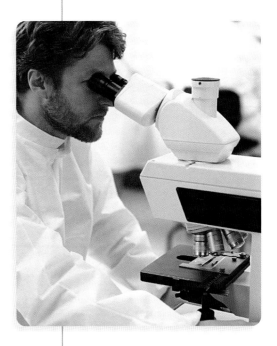

显微镜是生物学家使用的最重要的工具之一。

农学家是从事改良作物工作的生物学家。

生物学家还学会了如何更好地保护地球和地球上的许多生物。如果一种生物濒临灭绝的危险，他们会发出警告，敦促人们采取措施保护濒危植物。

延伸阅读：农业；农艺学；植物学；生态学；栖息地；生命周期；植物。

许多生物学家研究污染对湿地和其他自然区域的影响。

生物养育箱

Terrarium

生物养育箱是里面种有植物或养有小动物的一个小容器，通常用透明玻璃或塑料制成。

生物养育箱的底层由小块鹅卵石和碎木炭构成，这一层上面覆盖着盆栽土。生长良好的小植物随后被种植在土壤中。蜥蜴、小蛇、蟾蜍和蝾螈等动物也可以养在其中。

生物养育箱应该被放置在光线充足的区域，但不能置于阳光直射的地方。它通常被盖住，以保持容器内的湿度。这样就形成一种潮湿的、热带植物茁壮成长的环境。

延伸阅读：土壤。

生物养育箱在玻璃容器内分层铺上不同的材料，并在其上种植多种植物。

植物

盆栽土

碎木炭

鹅卵石

生物质

Biomass

生物质指一个生物群落中所有生物种类的总个数或总干重,包括活的和死的植物材料。它也可以用来描述植物以外其他的生物体。

植物利用阳光中的能量制造生物质。一些动物的生物质来自它们所吃的植物。一个地区的植物生物量远远大于动物生物量。

生物质这个词也指植物和其他可以转化为燃料的物质,包括腐烂的谷物、树枝、锯末、废纸、垃圾和肥料等废弃物。农作物是重要的燃料来源。农民种植玉米、甘蔗和其他作物作为可转化为燃料的生物质。

生物质能是一种可再生能源,这意味着它可以被更替。例如,玉米在收割后可以重新种植。从原油中提取的石油等燃料则不可再生。

延伸阅读: 堆肥;玉米。

生物质通常指可以转化为燃料的植物,如甘蔗。

湿地

Wetland

湿地是指濒临江、河、湖、海或位于内陆,并长期受水浸泡的洼地、沼泽和滩涂。湿地遍布全世界,许多植物和动物生活在其中。

湿地分为泥沼、沼池、沼泽和浅沼泽等。前两者通常出现在寒冷的地方,拥有大量有弹性的海绵土壤,称为"泥炭"。沼泽里的土壤酸含量高,但含氧量低。许多苔藓生长在沼泽中。沼泽一年中的大部分或全部时间都被水淹没,它们在温暖和寒冷的地方都很常见。沼泽位于湖泊、池塘、河流和小溪的岸边,

佛罗里达大沼泽地位于美国佛罗里达州南部,是世界上最有趣、最不寻常的湿地地区之一。

捷克共和国舒马瓦国家公园的泥炭沼泽。泥炭沼泽的土壤为酸性，呈海绵状。

英国诺福克的一片沼泽。沼泽的水来自地下和地表。

也出现在淡水流入大海的海岸，比如河口。香蒲、木贼和其他水生植物生长在沼泽里。浅沼泽经常出现在一年中只有部分时间被水淹没的地区，那里可以看到乔木和灌木。湿地在自然界中很重要。它们为许多植物和动物提供了一个家，能保护生物多样性。湿地还有助于控制洪水，调节径流。

目前，许多湿地已被人类活动破坏。一些沼泽已被抽干用作农田耕种，或已被工业污染。如今，许多人正在努力拯救世界上现存的湿地。

延伸阅读：泥沼；保护；沼泽；苔藓；泥炭。

英格兰东部诺福克郡沿岸有一片盐沼。咸水沼泽沿海岸分布，淡水流入大海。禾草类植物通常是盐沼中生长最茂盛的植物。

加拿大魁北克的一片沼泽地。在一年中大部分时间，淡水沼泽的水位高于地面，通常位于湖泊、池塘、河流和小溪的岸边，那里的水很浅。

在一年中某个时间段洪水来袭时，美国南部路易斯安那州附近就形成一片沼泽，乔木和灌木在那里生长。

石榴

Pomegranate

　　石榴是一种金红色的、大小和形状与大的橙子相似的水果。它有坚硬的外皮。果实里含有许多种子。每粒种子都被包裹在深红色的肉质外种皮内。这种肉质外种皮具有让人愉快、清爽的口感，因此常用于制作冷饮。

　　石榴原产于亚洲西部和印度西北部。在当地，它通常长成灌木状。如今，石榴在美国已被商业化种植。在农场，石榴被培育成小乔木，树高可达 4.6 ～ 6 米。猩红色的花朵盛开在细长的枝条顶端。

　　延伸阅读：果实；种子；乔木。

石榴

石松类

Lycophyte

石松类是一种不产生种子的植物，它们仅用孢子（可以长成新植物的、微小的细胞）进行繁殖，而其他几乎所有植物都产生种子。世界上有数百种石松类植物，它们更喜欢在潮湿阴暗的地方生长。

它们有根、茎、叶，叶子有一条中脉。许多石松类植物的叶片呈禾草状或针状。石松和水韭只是石松类植物的两种类型。

现今的石松类形态很小，但它们是第一批长成大树的植物之一。由大型的石松类植物组成的森林在 3 亿年前就出现了，比第一批恐龙的出现还要早。人类作为能源使用的煤炭，大多就是由这些石松类森林在数百万年时间内形成的。

延伸阅读： 森林；种子；孢子。

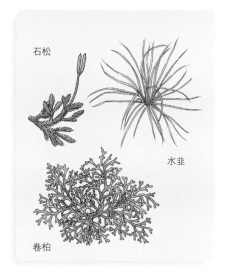

石松类植物的叶片具有单一的中脉。

食虫植物

Carnivorous plant

食虫植物是捕捉昆虫作为食物的植物。食虫植物"carnivorous"这个英文单词来自"carnivore"，这个词的意思是肉食者。

食虫植物不利用所食昆虫以获取能量。像其他植物一样，它们利用阳光中的能量来获得食物。但是食虫植物生长在土壤贫瘠的地方，这种土壤没有足够的氮元素维持生长，所以需要通过分解它们捕到的昆虫来获取氮。

瓶子草是一种食虫植物，它的叶子呈管状，可以容纳雨水，昆虫一旦掉进去就会淹死在里面。另一种食虫植物捕蝇草，叶片看起来像骇人的嘴巴，如果有昆虫进入这些颚内，叶片就会"啪"的一声合上。

延伸阅读： 狸藻；捕虫堇；猪笼草；捕蝇草。

捕蝇草

瓶子草

食物链

Food chain

食物链是一个显示生物之间进食关系的图形。食物链中的每一个生物都以它下面的生物为食。

例如，鸟类以昆虫为食，因此鸟类在食物链中处于较高的地位。昆虫吃植物，所以昆虫的地位比植物高。

植物在食物链中处于动物之下。植物被称为"生产者"，因为它们自己制造食物。植物提供了陆地食物链中的所有能量。动物被称为"消费者"，因为它们以植物或其他动物为食。食物链中的箭头表示能量的运动。这种能量从植物转移到动物身上，然后再转移到更大的动物身上。只吃植物的动物被称为"食草动物"，包括兔子、老鼠、牛和鸡。吃其他动物的动物被称为"食肉动物"，包括狼、狮子、狐狸和鹰。在食物链中，食肉动物的地位高于食草动物。

食物链有许多不同种类。每个生物都至少在一个食物链中，但是许多生物都在不止一条食物链中。例如，草可能被蚱蜢、绵羊或牛吃掉。草在食物链的底部。一组重叠的食物链称为"食物网"。

延伸阅读： 自然平衡；生态学；食物网。

知更鸟

菜青虫

卷心菜

在这个食物链中，卷心菜虫从卷心菜中获取食物能量，知更鸟通过吃卷心菜虫获取食物能量。

食物网

Food web

食物网描述了一个地区生物之间的进食关系，它是由重叠的食物链组成的。在食物链中，每个生物都以它下面的生物为食。例如，兔子吃草，所以兔子在食物链中比草高一级。然而，许多生物在一个以上的食物链中。例如，草可能被蚱蜢、绵羊和牛吃掉，草在食物链的底部。因此，食物链重叠起来，这些重叠的食物链构成了一个食物网。

陆地上的食物网中，几乎所有的能量都来自植物。植物利用阳光中的能量制造自己的食物，消耗水和二氧化碳。植物为食物网的其他成员提供能量。

世界上有很多食物网。其中最大的食物网位于热带雨林和海洋中。

莳萝

Dill

　　莳萝是一种用来调味的植物，有强烈香味。莳萝叶经常被用来给泡菜调味，还为鱼、酸奶油和其他食物增香调味。莳萝用播种的方式种植，种子有强烈的苦味。这种植物还能用来制造一种调味油。

　　延伸阅读：种子。

莳萝是一种用来给食物调味的芳香植物。

适应

Adaptation

　　适应是使生物得以生存的特性。植物适应环境的方式多种多样，适应性使得植物能够在特定类型的地方生存。例如，仙人掌的蜡质表皮可以帮助其储水，这种适应帮助仙人掌在缺水的沙漠生存，与其他植物相比，仙人掌更容易在沙漠中生存。因此，在许多沙漠中，仙人掌比其他植物更常见。

　　许多植物的适应性能够帮助其获得更充足的阳光。植物通过光合作用生产自己的食物，长得越高的树越能获取更多

有花植物用鲜艳的颜色和甜美的花蜜来吸引像蜜蜂这样的动物，然后蜜蜂将花粉从一株植物转移到另一株植物。这些适应帮助植物繁殖。

捕蝇草诱捕昆虫以获取营养。这种适应有助于植物在贫瘠的土壤中生长。

的光照，从而帮助它们生产更多的食物，但也因此阻挡了阳光射到地面。这就是为什么森林里通常树有很多，而靠近地面的林下植物要相对少一些。

许多植物的适应性能够帮助其繁殖(生产出新的个体)。例如，有花植物利用花朵来吸引昆虫或其他动物。昆虫以花朵中的花蜜为食。当昆虫进食时，身体就会携带上花朵中叫"花粉"的微小颗粒，这样，昆虫就把花粉带到下一朵花。在那里，花粉与植物的另一部分结合产生种子。

有花植物也会结出果实。果实里有种子，动物在食取植物果实的同时也会把种子吃进去。当这只动物排泄粪便的时候，种子也一并被排到了体外，动物的这种行为能将植物的种子传播到更远的地方。

这些适应使有花植物比其他植物更具优势。因此，有花植物是迄今为止最常见的植物类型。

延伸阅读：环境；进化；灭绝；自然选择。

仙人掌可以在干旱缺水的环境下生长。这种适应帮助它在沙漠中生存。

受精

Fertilization

受精是卵子和精子融合为一个合子的过程，这是有性繁殖中最重要的一步。有性生殖需要双亲生育后代。父本的性细胞称为"精子"，母本的性细胞称为"卵子"。精子使卵子受精，受精卵可以发育成新的个体。

在有花植物中，精子是由花粉的微小颗粒携带的，而花粉是由花的雄性部分产生的。每粒花粉有两个精子，通过动物或者风传播，精子从雄花部分转移到雌花部分。到达雌花的花粉会产生一个花粉管，精子游过这个花粉管使卵子受精，其他精子则为受精卵提供营养，于是受精卵形成了种子，种子能长成新植物。

延伸阅读：花；花粉；繁殖。

昆虫采蜜时会沾到花粉，然后把花粉带到其他花中，使之受精。

蔬菜

Vegetable

　　蔬菜是一种来自植物的食物。人们吃蔬菜做成的主食、色拉、汤以及零食。蔬菜可以生吃或煮熟了吃,它们是所有食物中最健康的。它们为人们提供了许多维生素,包括维生素 A 和 C。蔬菜中也含有许多矿物质,如钙和铁。此外,蔬菜还提供纤维,帮助人们正常消化食物。

　　作为蔬菜食用的植物部分多种多样,包括鳞茎、花蕾、果实、叶子、根、种子、茎和块茎。

　　鳞茎是植物在地下的圆形结构,由围绕着一根茎的许多层厚厚的叶子组成,大蒜、韭菜、洋葱和南欧蒜是食用鳞茎的蔬菜;花蕾是植物中长成花的部分,最常见的花蕾作为蔬菜食用的植物有西兰花和花椰菜;果实是植物包围种子的肉质部分,果实作为蔬菜的植物包括黄瓜、辣椒、南瓜和番茄;叶子作为蔬菜食用的,包括抱子甘蓝、卷心菜、生菜、芥菜和菠菜。

　　一些植物的根被当作蔬菜食用。有些分支向外扩散,比如甘薯;另一些则直接往下生长,如甜菜、胡萝卜和萝卜。当人们吃豌豆、芸豆、棉豆、红芸豆和甜玉米时,他们是在吃植物的种子。两种经常食用茎的蔬菜是芦笋和大头菜。块茎是生长在地下的、肥厚的茎,最常食用块茎的蔬菜是土豆、洋姜和山药。

　　延伸阅读: 豆类;芽;鳞茎;农作物;果实;叶;根;种子;茎;块茎。

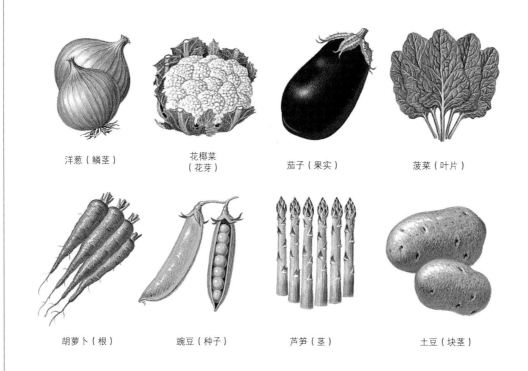

洋葱(鳞茎)　　花椰菜(花芽)　　茄子(果实)　　菠菜(叶片)

胡萝卜(根)　　豌豆(种子)　　芦笋(茎)　　土豆(块茎)

蔬菜来自植物的许多部位。鳞茎、花蕾、果实、叶子、根、种子、茎和块茎都可以作为蔬菜食用。

属

Genus

属是一群关系密切的生物的组合。生物学家根据七大门类对每种生物进行分类。这些门类是界、门、纲、目、科、属、种。每个类群由紧随其后的小类群组成。例如，目是由科组成，一个科由很多属组成，等等。组合越小，成员之间越相似。每个生物属于一个种，也就是七大门类里最基础的单位。属是相关的种的组合。

例如，小麦属包含不同种类的小麦。通常用于制作面包的普通小麦，它的学名为 *Triticum aestivum*。而常用来制作意大利面的硬粒小麦，它的学名为 *Triticum durum*。

属组成了更大的组合——科。例如，小麦属于禾草类植物，即禾本科。稻组成了稻属 (*Oryza*)，燕麦组成了燕麦属 (*Avena*)，这两个属都归属于禾本科。

延伸阅读： 纲；科学分类；物种。

各种小麦属于同一属——小麦属 (*Triticum*)。

蜀葵

Hollyhock

蜀葵是一种穗状花序上开五颜六色花朵的植物。它的花可以有白色、黄色、粉红色、红色或紫色。这些花呈圆形并开展。蜀葵从 7 月到 9 月初都会开花，有很多品种。蜀葵的花长在高大的茎上，叶子也长在茎上。叶子很大，粗糙，呈心形。

蜀葵生长在阳光充足的地方。很多人将蜀葵作为围栏的装饰种植。当植株开完花后，人们把花茎砍掉。如果想收种子，人们会在花后留下几株。一种锈病会侵染蜀葵。

延伸阅读： 花。

蜀葵

鼠尾草属植物

Sage

鼠尾草属植物是一类草本和灌木的统称，其中一种被称为鼠尾草的植物是重要的调味料。普通鼠尾草有一种强烈的气味，它的叶子和茎有苦味。厨师用叶子来调味奶酪、肉、酱汁和香肠，叶子也能用来泡茶。普通鼠尾草属植物都可以作为园艺品种。

鼠尾草的茎是白色的，毛茸茸的，茎长 60 厘米；灰绿色的叶子有粗糙的纹理；这些花在茎的顶端成圆形簇生，花色有紫罗兰色、粉红色或白色。鼠尾草野生在地中海周围的地区，在许多其他地区也有广泛种植。

延伸阅读： 香草类植物；灌木；香料；茶。

鼠尾草

薯蓣

Yam

薯蓣是许多国家的重要粮食作物，俗称"山药"。人们烹饪和食用薯蓣的块茎。

薯蓣是攀缘藤蔓植物，开小的绿色的花，喜欢生长在温暖、潮湿、生长季节长的地区。有些薯蓣可以长到 1.8 米长，重达 45 千克，块茎里面是白色或黄色的。人们常把甘薯叫作薯蓣，因为它们的根就像薯蓣的块茎。

每年大约一半的薯蓣由西非国家产出。薯蓣也生长在印度、东南亚和加勒比地区的一些国家。

延伸阅读： 甘薯；块茎；蔬菜。

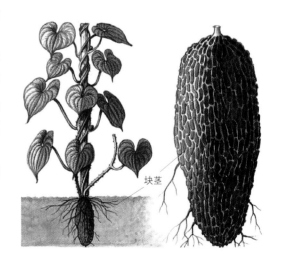

块茎

树胶

Gum

　　树胶是一种黏性物质，它被用于将不同的物体粘在一起，也用于冰淇淋和布丁中，使那些甜点既黏稠又丝滑。树胶来自植物及其种子的蜡或称为乳胶的乳液，亦或来自树木的黏性液体。最著名的天然胶叫作"阿拉伯树胶"，它来自非洲金合欢树的汁液。其他树胶来自植物种子、海藻或化学物质。口香糖曾经由一种叫作"chicle"的乳胶制成。如今，大多数口香糖都是由多种植物胶制成。

　　延伸阅读：树汁。

树胶是由乔木或其他植物产生的黏性物质。

树莓

Raspberry

　　树莓这种水果长得像一串小珠子，生长在多刺的小灌木丛中。树莓可以鲜食，也可以用来制作果酱和果冻，冰冻树莓也很受欢迎。商店里卖的树莓大多是红色的，也有黑色、紫色、白色或黄色。

　　树莓喜欢生长在北美和欧洲的凉爽地区，在野外很常见，但商店出售的树莓大多是在农场种植的。

　　全世界四分之三以上的树莓产自东欧国家。

　　树莓不是真正的浆果。浆果是一类多汁肉质单果的统称，由一个或几个心皮形成，含一粒至多粒种子。例如葡萄是一种真正的浆果。树莓的每一个珠状的小部分都是一个独立的果实，每颗果实只含有一粒微小的种子。树莓属于聚合核果。

　　延伸阅读：浆果；果实；种子。

树莓

树皮

Bark

　　树皮是大多数乔木和灌木的覆盖层，是树干外围的保护结构。它保护植物免受病虫害和各种伤害，还能帮助植物保持水分。

　　树皮有两个主要部分：韧皮部和外表皮。韧皮部是树皮内部输送营养的部分；外表皮主要为死组织，由木栓形成层产生，能隔绝水分和气体通过，对树有保护作用。

　　树皮有很多用途。西班牙栓皮栎的厚树皮用于制作瓶塞、地板、绝缘材料和许多其他产品。有些种类的树皮甚至可以用来做食物调味剂。粗麻布和其他一些纤维是由特定的树皮制成的。

　　延伸阅读： 软木；灌木；乔木。

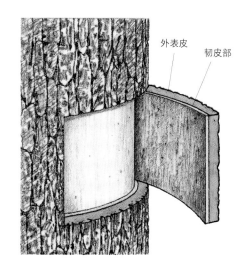

外表皮　韧皮部

树汁

Sap

　　树汁是植物的叶子、根和茎中的液体。它在植物中的作用与血液在动物中的作用有些相似。有些树汁存在于植物细胞中，这种树汁叫作"细胞液"。在维管植物中，树汁由叫作木质部和韧皮部的专门传导组织携带，它被称为"维管汁液"，携带有用的材料通过植物的身体。韧皮部把含糖的汁液从叶子带到植物的其他部分，木质部携带根部从土壤中吸收的水分和溶解的矿物质通过根和茎干到达绿叶。有些树汁被收集起来供人类使用。例如，一些糖槭的甜汁被制成枫糖浆。

　　延伸阅读： 细胞；树胶；枫树（槭树）；树脂；橡胶。

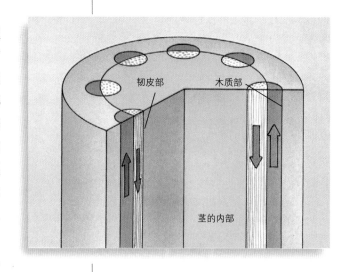

韧皮部　木质部

茎的内部

含有营养成分的汁液通过称为韧皮部的管状茎从叶子流向植物的其他部分。含有水和矿物质的汁液流经木质部的管状茎，从根到叶。

树脂

Resin

树脂是一种典型的黏性、油性或蜡质物质。它用于油漆、药品、肥皂、颜料和其他产品。

天然树脂是由植物制成的。科学家将天然树脂分为三类：第一类来自被切割后的植物，树脂从切口渗出；第二类是使用特殊化学物质从木材中提取的；第三类树脂叫作琥珀，是古代树木汁液的化石。

合成树脂是在实验室或工厂制造的。它们由复杂的化学链组成，许多塑料和其他模塑产品是由合成树脂制成的。

延伸阅读： 松树；树汁。

天然松脂取自松树。松节油就是由这种树脂制成的，可以用作油漆的稀释剂。

水青冈

Beech

水青冈属下的诸多树种的叶子都薄如纸并在秋天变成金色。美国水青冈的高度约为15～24米，它生长在北美和欧洲。紫叶欧洲水青冈因为叶深紫色，被认为是很好的观赏树种。

水青冈树有细嫩枝，顶端有嫩芽。这些芽的形状像长矛一样。雌雄同株，雄花是圆的，雌花是短而尖的。水青冈树的果实味道可口。

水青冈树的木材坚硬，常被用来制作家具和工具手柄，同时也是一种很好的燃料。

延伸阅读： 乔木；木材。

15～24米

叶

水青冈

水仙

Narcissus

水仙是一种美丽而芬芳的花卉。花色呈黄色、白色，有时是粉红色或橙色。水仙有很多种，它们有时被称为"黄水仙"。某些水仙花被称为"丁香水仙"。

水仙从棕色的鳞茎中长出来。鳞茎有毒。园丁们通常在秋天种植球茎。嫩枝带着剑形叶片抽长出来，通常在早春开花。水仙花的六个花瓣围绕着喇叭形或杯形的副花冠，副花冠有长或短。

延伸阅读： 花。

红口水仙的花梗上有一朵单一、开展的花朵，有白色的花瓣和一个淡黄色的副花冠。

睡莲

Water lily

睡莲是一种生长在浅水区的开花植物，生长在河流、湖泊或其他水域，它们对光照要求较高，这些地方的光线可以直射水底。睡莲扎根于河底或湖底的泥土中，圆形的叶子漂浮在水面上，叶子由茎和根连在一起。它的茎可长到 3 米长。睡莲有很多种，但并不属于百合科 (lily)。

睡莲的花浮水或挺水开花，直径可达 30 厘米。

延伸阅读： 花；百合。

睡莲颜色多样，包括粉红色、红色、黄色和白色。

丝兰

Yucca

丝兰是一种以尖硬叶片而闻名的植物。这是一种常绿植物，全年不落叶。生长在北美洲的干旱地区。

有些丝兰植物的茎很短，有些丝兰植物有高大的树干，上面覆盖着木质的鳞片。丝兰的叶子可以沿着茎的长度生长，也可以在茎的末端成束生长。丝兰的花看起来像铃铛。一些丝兰的花全是白色的，有的则是白色和绿色混合在一起的。

丝兰是新墨西哥州的州花，分布在美国的南部和西南部，墨西哥也有分布。美洲原住民用丝兰制作篮子、垫子、绳子和凉鞋。

延伸阅读： 沙漠；常绿植物。

丝兰在晚春开花。它生长在北美西南部的野外，在较冷的气候条件下会用作花园植物，起点缀装扮的作用。

死亡

Death

死亡是生命的终结，所有生物最终都会死亡。植物有时会被昆虫和其他害虫袭击而死亡；也可能被微生物感染而引起疾病。如果得不到足够的水和阳光，植物也会死亡，植物甚至会因衰老而死亡。

植物死亡后失去了绿色，通常变成棕色。枯死的树失去了叶子。很快，植物被各种各样的生物所分解。白蚁会啃食木头，真菌慢慢分解死去的植物，微生物也以死去的植物为食。这些生物将死去植物中的营养物质分解回土壤中，于是土壤有了足够的肥料帮助新的植物生长。

延伸阅读： 腐烂；生命；土壤。

枯树依然挺立着，但风化、昆虫和腐烂会慢慢地把树枝和树干摧折。

四照花

Dogwood

四照花是一种小乔木或灌木。北美最著名的四照花是大花四照花。树高可达 12 米，树干直径可达 46 厘米，木材坚硬厚重。野生种的苞片为白色偏绿。果实为红色核果，具有两颗种子。叶片有向上深凹的纹理。不同寻常的树皮和灰色的花蕾使大花四照花成为冬季最具观赏价值的树。

大花四照花是美国北卡罗来纳州的州花，也是密苏里州的州树，弗吉尼亚州的州花和州树。太平洋四照花是加拿大不列颠哥伦比亚省的省花。

延伸阅读：花；灌木；乔木。

四照花在春天开出美丽的白色花朵。

松树

Pine

松树是一种具有针状叶的常绿乔木。世界上松树的种类很多。松树在北美洲西部和东南部的山区很常见，另外，在南欧和东南亚也很常见。有些松树低矮如同灌木，另一些则能长到 60 米高。

松树属于针叶树。它们具有包裹种子的球果。松树长得又高又直，这使得它们成为有用的木材。

一些松树能产生树脂。树脂是黏稠的、黄色或棕色的物质，可以用来制作松节油、油漆和肥皂。许多松树的木材被制成纸张。

北美地区松树的主要害虫是山松甲虫。这种甲虫的爆发可以引起数百万棵树死亡。

延伸阅读：针叶树；常绿植物；树脂；木材。

松果

针叶

北美短叶松是北美洲几十种松树中的一种，分布在五大湖区到加拿大西北部的区域内。它的球果呈弯曲状。

苏铁

Cycad

苏铁是一种大粒种子植物，看起来很像棕榈。它们的叶子很像蕨叶，但是苏铁与棕榈或蕨类植物没有密切的关系。相反，苏铁属于一种叫作"裸子植物"的种子植物。这一类群的树都有圆锥形的球果，如松树和云杉。苏铁属植物种类很多。

苏铁生活在温暖潮湿的地区，有些是灌木大小，其他的可以长到18米高。羽状叶从茎的顶部生出，每年都会长出新叶，会长出重的球果，球果可以长到90厘米长，里面含有植物种子。苏铁树的树皮粗糙。

有些苏铁的茎没有分枝，另一些则有一个地下茎，叫作"块茎"，看起来像土豆。

当恐龙在地球上存在时，苏铁覆盖了大片土地。事实上，许多恐龙可能以它为食。如今，苏铁只在很小的一部分区域内生长。许多苏铁甚至已经濒临灭绝。

延伸阅读： 针叶树；蕨类植物；裸子植物；棕榈植物；块茎。

| 高达18米 | 叶 | 球果 | 树皮 |

苏铁的种子在球果里。

T

苔藓

Moss

苔藓是小型的绿色植物，它们没有花或种子。藓类植物往往大量个体生长在一起。它们在岩石上、土壤表面或树上形成柔软厚实的垫子。人们发现，大多数苔藓都生长在潮湿、阴凉的地方。全世界有数以千计种苔藓。它们遍布世界各地。

与大多数植物不同，苔藓仅使用孢子进行繁殖。孢子是可以长成新植物的微小细胞。苔藓没有根，作为替代，它们有线状的部分将它们固定在一个表面。苔藓的茎被螺旋状排列的小叶所覆盖，叶子可以通过它们的表面直接吸收水分。一般苔藓的高度不会超过 15 厘米。

苔藓为许多小动物提供了栖息地，包括螨虫和蜘蛛。它们还可以保有大量的水。因此，苔藓有助于防洪和阻止水土流失。苔藓死亡后还可以丰富土壤，这有助于其他植物的生长。

延伸阅读： 孢子。

毛茸茸的苔藓在北美洲很常见。

苔藓往往会聚集生长，它们经常形成大面积的厚实的垫子（右）。泥炭藓（上）在美国很常见。

苔藓植物

Bryophyte

苔藓植物是一种小型绿色植物,没有种子或花朵。藓类、苔类和角苔类传统上被认为是苔藓植物。然而,许多科学家认为藓类是唯一真正的苔藓植物。

一些苔藓植物有简单的茎和叶,其他的则显得扁平,像缎带。一种叫作拟根的细小毛发充当根的作用。苔藓植物通过孢子而不是种子繁殖。如果苔藓植物的一部分脱落了,它可以长成一个新的植株。

苔藓植物不能通过自身携带食物和水。相反,植物的所有部分直接从周围环境中吸收水分和营养。大多数苔藓植物生活在潮湿的地方。它们可能生活在溪流和池塘附近或雨量充沛的地区,但也有一些生活在靠近沙漠的环境中。除了在非常潮湿的地区,苔藓植物通常不到 5 厘米高。

苔藓植物可能是最早的陆生植物。科学家发现了 4.7 亿年前的苔藓植物化石。

延伸阅读: 苔藓;孢子。

土马鬃

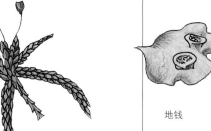

苔藓植物缺乏真正的叶子、茎和根。

泥炭藓

地钱

叶苔

苔原

Tundra

苔原是一年中有一半以上时间被雪所覆盖的寒冷、干燥的地区。因为冬天既漫长又寒冷,所以树木在苔原上不能生长。这里的夏天短而凉爽。然而,也有一些植物在苔原上生存了下来,包括苔藓、禾草、低矮灌木和与禾草类似的莎草。

世界上有两种苔原——北极苔原和高山苔原。北极苔原

阿拉斯加的北极苔原是许多贴着地面生长的、矮小植物的家园,如熊果和各种苔藓。

位于格陵兰岛的北冰洋附近以及亚洲、欧洲和北美洲的北部。大多数北极苔原都比较平坦并遍布湖泊，但也有一些有山。

很少有人住在北极苔原。因纽特人（旧称"爱斯基摩人"）住在苔原的多个地方。

北极苔原上生活着很多种野生动物。雁、燕鸥和其他鸟类春夏两季生活在那里。北美驯鹿、灰熊、麝牛和狼在陆地上漫步。较小的动物有北极狐和野兔。北极熊、海豹和海象则时常出没在海岸边。

北极苔原有大量的矿产资源，包括煤炭、天然气和石油，以及铁矿石、铅和锌。

高山苔原遍布世界各地的山脉，这里海拔高、气温低、不适合树木生长。夏季的数月中，各种野花和其他植物可能在高山苔原上生长。

延伸阅读：生物群落；禾草；地衣；苔藓；灌木。

加拿大育空地区的苔原上，秋季有黄色的花朵开放。

太平洋毒漆

Poison oak

太平洋毒漆是一种含有会刺激皮肤的树液的植物。它与毒漆藤和毒漆树相近，呈灌木状或藤蔓状。太平洋毒漆的叶子通常由三片单独的小叶组成。植株开小而绿色或淡黄色的花，结多毛的、浆果状的浅色果实。

太平洋毒漆所有部位都含有刺激性的树液。如果有人接触了它，应该立刻用肥皂和水仔细地清洗被触及的部位。如果水疱或肿胀严重，就应该去看医生。

延伸阅读：毒漆藤；有毒植物；藤蔓。

太平洋毒漆三片小叶的排列方式与毒漆藤类似，但太平洋毒漆的小叶具圆边。小叶含有能刺激皮肤引起皮疹的乳汁。

灌木

小叶

唐菖蒲

Gladiolus

唐菖蒲是一种花大、花瓣质地如同丝绸一样的植物。花朵沿着长而直的茎陆续开放。唐菖蒲已商业化种植，通常被花店用于插花，它有很多种类，花色众多，有白色、红色、橙色、紫色或蓝色等。蓝色的唐菖蒲主要来自南非。单朵唐菖蒲的花呈杯形，花序底部的花先开，然后依次往上开放。唐菖蒲从球茎长出，这是一种看起来像灯泡的地下茎。它的球茎必须在每年的秋季挖出来并储存在温暖的地方，等到第二年的春天再将其栽入土中。

延伸阅读：花。

唐菖蒲

糖

Sugar

糖是一种甜味食品。人们在诸如葡萄柚和面点等食物上洒上糖，让它们味道更香甜。有些人也在咖啡、茶和其他饮料中加糖。此外，食品公司在许多食物中加糖。许多糖果、果酱、果冻和软饮料中含有大量的糖。糖也被添加到许多烘焙食品中，包括饼干和蛋糕。

所有的绿色植物都能合成糖。但人们使用的大部分糖都来自甘蔗或甜菜。这些植物合成的糖称为蔗糖，这也是人们日常使用的糖。甜菜在其根部储存蔗糖；甘蔗是一种高大的草本植物，它的糖储存在茎中。

糖属于碳水化合物。碳水化合物为植物和动物提供能量。但是吃大量的糖，可能会增加蛀牙的风险，同时导致一个人的体重超标。

延伸阅读：甜菜；农作物；葡萄糖；禾草。

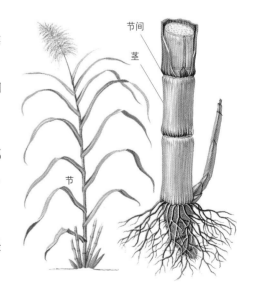

甘蔗是生产蔗糖的主要来源之一。它长有长长的茎，茎又分为节和节间。

从甘蔗中获取原糖，需要先将洗净、切碎的甘蔗放在压榨机中，机器将甘蔗茎中含糖的甘蔗汁挤压出来；加热甘蔗汁并过滤，随后蒸发器和真空锅将甘蔗汁中多余的水蒸发掉，从而形成糖浆。

离心机是一台高速旋转的机器，可以将两种物质分开。用离心机将糖浆中的蔗糖结晶分离出来，生产出原糖。原糖再被送到精炼厂，用于生产其他蔗糖产品。

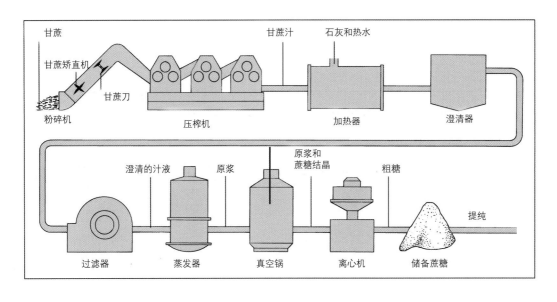

桃

Peach

　　桃是一种生长在树上的水果，核果近球形，肉质可食，有黄色或黄红色的果皮。果皮保护黄色的果肉，果肉香甜多汁。在它的中心有带深麻点和沟纹的核，内含白色种子。

　　人们吃新鲜的、罐装的或干的桃子肉。桃子可以做成果酱，也可用于烹饪各种佳肴，尤其是甜点。

　　桃树叶子很薄，边缘参差不齐。粉红色的花出现在早春，果实是由花发育而成的。桃子从初夏到秋天成熟，根据去核的难易程度，又被称为"离核桃"和"粘核桃"。

延伸阅读： 果实；乔木。

桃子内核坚硬且粗糙，核内含有种子。果核周围是果肉。

藤本植物

Liana

藤本植物是对许多种藤蔓的统称，通常生活在热带雨林中。它们以树木为支撑，攀爬或缠绕树干和树枝生长。它们有灵活生长的叫作"嫩梢"的部分。藤本植物生长迅速。它种类很多，有些无法缠绕在树上，只是沿着树干往上爬，其他藤本植物则缠绕着树干和树枝。许多藤本植物有称为"卷须"的、扭曲的线状部分，紧紧地附着在树木和其他物体上。葡萄就是带有卷须的藤本植物。一些藤本植物使用特殊的根来附着，如常春藤和香荚兰。还有其他藤本植物由钩状的刺来帮助它们攀爬。

延伸阅读： 雨林；藤蔓。

藤本植物是沿着或缠绕树干或其他物体生长的藤蔓。

藤蔓

Vine

藤蔓是指那些茎干细长，自身不能直立生长，必须依附他物而向上攀缘的植物。有些藤蔓能爬墙、棚架或其他植物，有些则在地上匍匐。卷须藤蔓用丝状卷须缠绕在支撑物周围，吸附藤蔓则用圆盘附着在它们攀爬的物体上。木质藤蔓拥有木质茎，如葡萄。有时木质藤蔓能自立，所以通常很难区分这是藤蔓还是灌木。其他则为草质藤蔓，如黄瓜。

延伸阅读： 豆类；黄瓜；葡萄；常春藤；藤本植物；豌豆；茎；紫藤。

藤蔓借助其他物体生长，如石墙。

天竺葵

Geranium

　　天竺葵是一类在美国和加拿大非常流行的园林花卉，原产于世界上的温带地区。野生老鹳草常被叫作鹤嘴或鹭嘴。天竺葵有很多种，它们在株型、叶片和花色上都有所不同。普通天竺葵的花有香味，颜色有红色、粉色或白色等。厨师也会使用香叶天竺葵的叶子来装点风味果冻。

　　延伸阅读：花。

天竺葵芬芳的花朵常聚集成团。通常种在花园或者窗台上。

甜菜

Beet

　　甜菜可以食用，品种也很多。食用甜菜的根可以作为蔬菜烹饪，糖用甜菜则是除甘蔗以外的另一个主要的糖分来源。这两个种类的甜菜都是重要的商业作物。甜菜最初生长在地中海周围的地区，如今世界各地都能看到它们的身影。

　　食用甜菜根为圆锥至纺锤状，呈深红色、白色，或金黄色。食用甜菜根通常是罐装的，也可能腌制过。新鲜的根通常被煮或烤着吃。甜菜根是一种低热量的食物，含有铁和钙。嫩叶可以做色拉，是钙、铁和维生素 A 的极好来源。

　　糖用甜菜根长而尖，奶白色。世界上生产的大部分糖来自于糖用甜菜。

　　延伸阅读：根；蔬菜。

甜菜

铁杉

Hemlock

铁杉是一种松科植物。它们生活在北美、日本、中国和印度的森林中。铁杉有柔软的针叶。针叶通过小的木质茎杆与树枝连接。自然界中有不同类型的铁杉，如东方铁杉，也叫加拿大铁杉，可以活到 800 岁树龄。它的树皮用于鞣制皮革，而木材则以原木形式使用。

异叶铁杉生长在太平洋西北地区。它的高度可达 60 米。树干的直径可以达到 2.4 米。

延伸阅读： 松树；乔木。

18 ～ 23 米

针叶   松果

加拿大铁杉分布于加拿大南部至横跨阿巴拉契亚山脉的美国地区。

土壤

Soil

土壤是破碎的岩石和动植物体的混合物。它覆盖了地球表面的大部分地方，一个地区的土壤决定了那里的作物和其他植物生长的好坏。土壤中含有大量的生物体，土壤是它们的食物来源，它们依赖土壤生长。

土壤由来自生物、矿物、水和空气等几个部分的物质组成。土壤种类很多，它们在颜色、矿物质种类和生物质含量上不同。

土壤有机质泛指土壤中来源于生命的物质，由处于不同腐烂阶段的生物残骸组成。各种微生物以有机质为食。蚂蚁、甲虫、蚯蚓和

岩石和植物层将土壤固定在适当的位置，有助于防止土壤侵蚀。

白蚁也以有机质为食，这些生物一起把有机物分解成更简单的部分。这样，它们就释放出营养物质供植物生长。有机质只占大多数土壤的1%～10%，但它是土壤固相部分的重要组成成分，也是植物营养的主要来源之一。

土壤中的矿物质主要由沙子、粉砂和黏土组成。土壤中的水分帮助营养物质通过微小的孔隙，还帮助植物根系吸收营养。根也从土壤中获得水分。孔隙中的空气使土壤中的生物能够呼吸。

土壤需要多年才能形成。它的形成始于地球表面或附近的固体岩石和其他物质。这些物质在植物、动物、风、水和其他力的作用下分解。几个世纪以来，有机物质慢慢形成并与矿物颗粒混合。

土壤是许多生物的家园。蚯蚓通过分解土壤中的腐烂物质来帮助植物生长。另外，蚯蚓在地下挖洞时，还可以起到松土和混合的作用。

随着土壤的形成，构成土壤的物质可能会发生变化。因此，土壤往往是分层形成的。表层称为表土。表土被风或水侵蚀。土壤是一种重要的自然资源，大多数陆地上的生命依

土壤如何形成

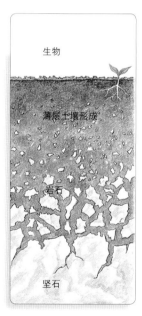

土壤始于坚硬的岩石，风、水和其他一些因素使岩石破碎。

随着岩石的破碎，生物的残骸与岩石混合在一起。

一段时间后，一层薄薄的土壤形成了。小植物可以生长。

经过更长的时间，就会形成一层厚厚的土壤和一层矿物质。

赖于土壤。植物从土壤中获得生长所需的营养。动物吃植物，或者吃以植物为食的动物。此外，许多种类的动物在土壤中找到庇护所。人们依靠土壤生产农作物和许多其他产品。侵蚀会破坏经过数千年形成的土壤。由于人类活动，特别是农业活动，世界上许多土地正在减少。

延伸阅读： 农业；堆肥；保护；腐烂；肥料；表土。

南非出现了土壤侵蚀的迹象。岩石和土壤已经从这个地区松动，并被水和风带到另一个地区。

豚草

Ragweed

豚草是一种分布在北美洲的杂草。很多人都对豚草的花粉过敏。豚草在仲夏到初秋这段时间里会产生大量的花粉，并在风中扩散。当花朵盛开时，对豚草花粉过敏的人通常最容易受害。豚草经常沿着路边生长，也生长在牧场、田野和抛荒地里。

豚草有很多种。常见的豚草是一种长着细碎叶子的、粗糙的植物。它也被称为"苦草"和"猪草"，株高在 30 ～ 90 厘米之间。果实小而坚硬，在接近末端有短而尖锐的刺。三裂叶豚草株高在 1 ～ 2 米之间，有时可达 3 米高。

裸穗豚草每年从长而蔓延生长的根上长出来，外形看起来很像豚草，但它的果实没有豚草果实上那样的刺。

延伸阅读： 花粉；杂草。

豚草

豌豆

Pea

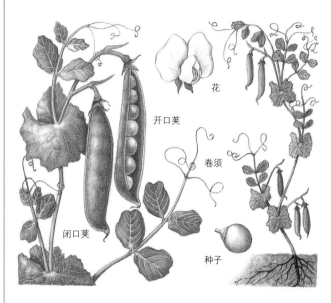

花

开口荚

卷须

闭口荚

种子

豌豆生长在种荚里,用细长的卷须附着在附近的物体上,使植物像藤蔓一样攀缘生长。

豌豆指豌豆荚里的种子,颜色可以是绿色、黄色、白色、灰色、蓝色、棕色或斑点状。人们烹饪时将豌豆当蔬菜食用,添加到汤、色拉和其他食物中。豌豆也被用来饲养家畜。豌豆是蛋白质的良好来源,也含有维生素。

豌豆植物为豆科一年生攀缘草本,茎干柔软。每片叶子由 1 ~ 3 对小叶子组成,叶子末端是卷曲的卷须。大多数豌豆开白花,也有的开紫红色的花。豌豆荚里有 4 ~ 9个或更多的种子。

延伸阅读: 豆类植物;种子;蔬菜。

万寿菊

Marigold

万寿菊是一种受欢迎的园艺花卉。全世界有几十种万寿菊。它们的株高从 15 ~ 90 厘米不等。大多数种类开黄色、橙色或红褐色的花朵。它们的叶片呈羽状或蕨叶状。大多数万寿菊都有一股浓烈的气味,它们在花园里只存活一个生长季。

万寿菊很容易种植。它们比其他大多数园林花卉都更耐干旱的气候。一些万寿菊产生的精油可以驱除某些花园害虫。出于这个原因,家庭园艺爱好者们经常在菜园周边种植万寿菊来保护其他植物。

万寿菊原产于北美洲和南美洲。如今,它们已遍布全球。

延伸阅读: 花。

万寿菊

乌木

Ebony

乌木是一种坚硬的黑色木材，抛光后可以像金属一样光亮。乌木分布在世界上很多地方。

乌木内芯颜色较深，外层颜色较浅。这种木材内含树胶，使得乌木易于雕刻。乌木主要用于制作黑色钢琴键、乐器、刀把和刷子，以及精美的雕刻。

延伸阅读： 树胶；乔木；木材。

木雕师将乌木视如珍宝，这种木材可以抛光加工成工艺品。

无性繁殖

Asexual reproduction

无性繁殖是一些生物产生后代个体的繁殖方式，其特点是参与产生后代的只有一个亲体。在有性生殖中则需要两个亲体。

这种繁殖方式在细菌、单细胞动物和低等多细胞动物中较为普遍。例如，海绵一部分脱落后，发育成小的芽体，随后发育成新海绵。这就是所谓的出芽繁殖。

有些植物也无性繁殖。植物的一小部分脱离母体后，发育成为一个新的个体，这一过程称为"营养繁殖"。人们利用营养繁殖来种植某些经济作物，例如果树。

延伸阅读： 繁殖。

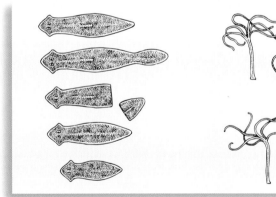

分裂繁殖

出芽繁殖

芜菁

Turnip

芜菁是一种有圆圆的根和绿色叶子的蔬菜。芜菁的球根直径可以长到 8 厘米，呈白色或浅黄色。

芜菁对人的健康非常有好处，它们的根含维生素 C，叶子富含铁和维生素 A。人们烹煮球根，然后把它们捣烂蘸沙司吃。叶子则用于色拉、煮汤和炖菜中。

芜菁从种子长到可以采摘的蔬菜用时很少，在欧洲和北美洲的农场和家庭菜园中被广泛种植。

延伸阅读： 根；蔬菜。

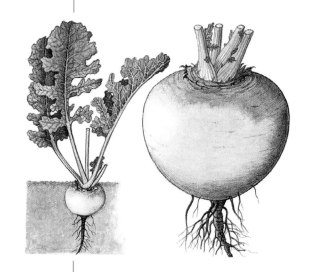

芜菁肥厚的根和大叶子都可以食用。

芜菁甘蓝

Rutabaga

芜菁甘蓝是一种块根可做蔬菜食用的植物，它看起来和尝起来都很像萝卜。芜菁甘蓝通常比萝卜大，叶片蜡质光滑。

芜菁甘蓝底部是黄色的，上面是紫色的，肉质白色。块根富含维生素和矿物质，蓝绿色的叶子也可以吃，人们通常在初夏采收叶子，因为到了盛夏叶子会变得又软又苦。这种植物通常在凉爽的天气里生长得最好。

芜菁甘蓝最早出现在 17 世纪的东欧，如今它们在北欧很受欢迎，又称"瑞典萝卜""俄罗斯萝卜"。

延伸阅读： 根；萝卜；蔬菜。

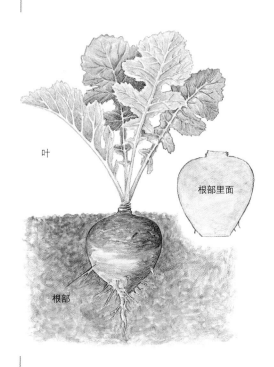

叶

根部里面

根部

芜菁甘蓝地上部分的叶片蜡质光滑，地下有肥厚的萝卜状块根。

物种

Species

物种，简称"种"，是生物分类学研究的基本单元与核心。科学分类是科学家们将生物分成不同类群的一种方式。所有位于一个群体中的生物在某些方面都是相似的，因为它们有一个共同的祖先。

一个物种的成员是如此的相似，以至于它们几乎是相同的。例如，玉米构成了一个物种，所以玉米植株如此相似，常常很难区分。玉米幼苗长大后看起来与上一辈没啥两样。

一个物种的成员可以彼此繁殖。例如，玉米可以繁殖更多属于自己种类的玉米。和其他植物一样，玉米也能产生花粉。风把花粉从一棵玉米植株带到另一棵，这个过程使植物能够产生种子，这些种子可以长成新的玉米植株。

植物不能用另一种植物的花粉来制造种子。例如，玉米植株不能用夏栎的花粉制造种子。这是因为玉米和夏栎是不同的物种。科学家们用两个词组成的科学名称来识别每一个物种，每个单词通常都是拉丁语或希腊语。玉米的学名是 *Zea mays*，夏栎的学名是 *Quercus robur*。

延伸阅读： 科学分类；达尔文；林奈；花粉。

虽然有髯鸢尾（左）和日本鸢尾（右）看起来很不一样，但它们都属于鸢尾。

西瓜

Watermelon

西瓜是一种又大又甜的水果。它有光滑、坚硬的果皮，表面光滑，底色从灰绿色到深绿色不等，并伴有条状花纹；里面的果肉又多汁又甜，果肉可能是白色、绿白色、黄色、橙色、粉红色或红色的。大多数西瓜果肉里有很多种子。有些西瓜是圆的，有些是长的。西瓜可以作为色拉、零食或甜点食用。

西瓜长在藤蔓上。一个成熟的西瓜通常重 2～18 千克，有些重达 45 千克。成熟的西瓜轻敲时会发出中空的声音。西瓜含约 93% 的水分，含有丰富的维生素 A 和 C。

延伸阅读： 果实；瓜类；藤蔓。

藤蔓上黄色的花谢后结出西瓜。

西葫芦

Zucchini

西葫芦是一种南瓜属植物，它看起来有点像黄瓜。大多数西葫芦表皮光亮，颜色翠绿，果肉绿白色。人们用西葫芦凉拌色拉，也用它来做面包。西葫芦的热量很低，它也是钙、烟酸、维生素 C 和其他一些营养物质的良好来源。

西葫芦是一种很受欢迎的蔬菜，只要给它两个月的宜人环境，它在任何地方都能生长得很好。西葫芦于霜冻后种植，果实通常生长在茎短叶大的蔓生草本上。西葫芦长到 15～20 厘米的时候即可采摘。

延伸阅读： 南瓜属植物；蔬菜。

西葫芦

西兰花

Broccoli

西兰花是一种会在主茎顶端形成肥大花球的蔬菜，顶端紧密生长花球状的簇生花蕾。

西兰花与卷心菜和花椰菜有密切的关系。最常在北美种植的被称为意大利西兰花或嫩茎西兰花，它最初来自南欧。

人们用播种法种植西兰花。这种植物喜欢凉爽的气候和潮湿肥沃的土壤。种植者要在它们开黄花前先采摘它们的头状体。西兰花的茎和花蕾都很好吃，且富含蛋白质、矿物质和维生素。人们烹饪西兰花，把它做成色拉，或者作为生蔬菜食用。

延伸阅读： 卷心菜；花椰菜；蔬菜。

西兰花

稀树草原

Savanna

稀树草原是乔木和灌木丛零星分布的草原。草原上有旱季和雨季。大部分位于温暖的地区，通常位于沙漠和雨林之间。世界上最大片的稀树草原在非洲，澳大利亚、印度和南美地区也有稀树草原。草是稀树草原上最常见的植物之一，那里通常很少有树。湿润的稀树草原上草更高，树也更多。

金合欢、猴面包树和棕榈类是生长在稀树草原上的一些树木。

稀树草原是树木零星分布的草原，在非洲最早被发现。

延伸阅读：猴面包树；生物群落；禾草；草原；棕榈植物；乔木。

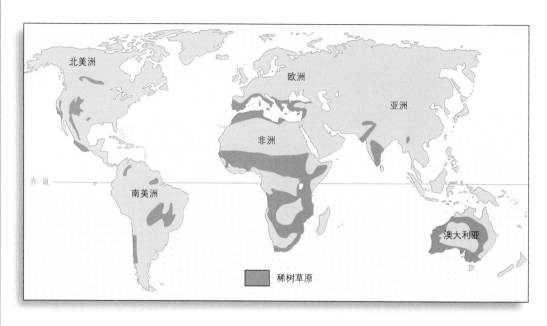

世界上许多地方都有稀树草原。

细胞

Cell

　　细胞是生命中微小的组成部分，所有生命体都是由细胞组成的。有些生命体由单细胞组成，但大多数生命体都由成千上万个细胞组成。比如一棵大树含有上万亿个细胞。

　　细胞小到只有在显微镜下才可以看到。细胞的种类也很多。它们的形状可能为卵圆形、螺旋形、立方形、圆柱形、圆盘形、圆球形。大多数植物的细胞像是立方形。细胞分工明确，有些促进根系生长，有些帮助水分传输，当然也有一些细胞负责光合作用制造食物。

　　细胞有很多不同的组成部分。植物细胞膜外的一层较厚、较坚韧并略具弹性的结构叫"细胞壁"，起保护作用，有助于植物结构的建立。动物细胞没有细胞壁。细胞壁的内侧紧贴着一层极薄的膜，叫作"细胞膜"。细胞膜选择性地控制着进出细胞的物质。水和氧等小分子物质能够自由通过，而某些离子和大分子物质则不能自由通过。细胞膜包着的黏稠透明的物质叫"细胞质"，细胞质里含有一个近似球形的细胞核。

　　细胞核位于细胞的中心位置。细胞核里包含着细胞的基因程序，几乎控制着细胞的所有活动。这个基因程序由生物大分子DNA来"书写"。基因是DNA的单位。DNA里所携带的基因程序使每个生命体独一无二。基因使玫瑰区别于狗，也使蒲公英不同于栎树。

　　细胞质是细胞核和细胞膜之间的一切物质的总称。细胞质包含很多小的部分，并且每个部分各司其职。绿色部分称为"叶绿体"，它将光能转变为化学能，把二氧化碳与水转变为糖类，

植物依靠这种糖类生存。动物吃的大部分食物都可以追溯到
植物细胞中叶
绿体所制造的
糖类。植物和
动物细胞中都
有一部分细胞
器叫作"线粒
体"，它是细
胞中的"发电
站"，是糖类、
脂肪和氨基
酸最终氧化

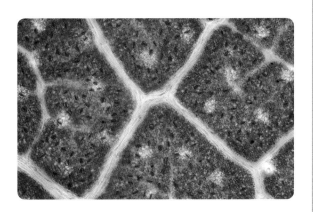

植物细胞放大图

释放能量的场所，帮助细胞正常工作。

　　细胞不断自我复制。一个细胞分裂成两个细胞。然后，
这两个细胞再分裂成四个细胞。细胞不断分裂，产生越来越
多的细胞。植物由此生长，死亡细胞被取代。这个过程叫作"有
丝分裂"。特殊的生殖细胞通常参与某种新植物的合成。生
殖细胞只有基因程序的片段，必须与另一种植物的生殖细胞
结合，结合的细胞有一个完整的基因程序来制造新植物。产
生生殖细胞的过程叫作"减数分裂"。

　　大多数植物疾病是由攻击植物细胞的不同种类的微生
物引起的。例如，花叶病影响许多植物，包括豆类、土豆等
作物。这类疾病是由微小的病毒引起的。病毒侵入植物细胞
并取而代之，迫使细胞制造更多的病毒，然后这些病毒再进
入其他细胞，以此类推。
真菌引起各种植物疾病，
有些汲取活的植物细胞
的营养，另一些则杀死
植物细胞并以此为食。

　　延伸阅读： 叶绿体；
基因；生命；繁殖。

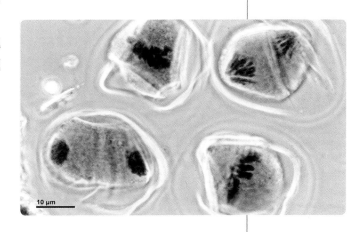

10 μm

这张照片显示的是百合花粉，一个性细
胞在减数分裂过程中分裂。

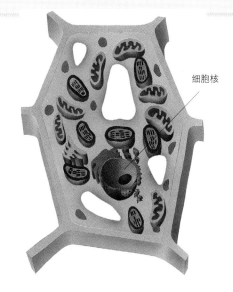

植物细胞

细胞核

植物细胞与动物细胞的区别在于植
物细胞外圈有坚硬的细胞壁。

仙人掌

Cactus

仙人掌通常生长在炎热干燥的地方。蜡质表皮，常有腋芽或短枝变态形成的刺。仙人掌原产于北美洲和南美洲，品种很多。

仙人掌有许多形状和大小。例如，巨人柱可以长得比房子还高，其他仙人掌不到 2.5 厘米高，还有一些小仙人掌看起来像针垫、海星，甚至是草叶。

仙人掌的形态构造帮助它们生活在干燥的地方。大多数仙人掌有粗壮的茎储水，表面蜡质，能防止水分蒸发。仙人掌根也很长，根系贴地生长，平展。下雨时，根能尽可能收集较多的雨水。

仙人掌的刺有长有短，形状有直有弯，这些刺会防止食草动物的啃食。所有仙人掌都能开花，花呈白色或其他明亮的颜色。

仙人掌对动物和人都很重要。昆虫和鸟类等动物以仙人掌的茎和花为食。许多鸟在仙人掌茎上筑巢。仙人掌的刺去除后，人们可以吃它的茎、果实和种子。

延伸阅读：沙漠；巨人柱。

帝锦

海狸鼠尾仙人掌

巨人柱的叶片已退化成尖尖的刺。它可以长到 18 米高，有粗壮木质茎，并能结出香甜的果实。

刺座   果实

纤维素

Cellulose

纤维素是植物细胞中的一种物质。细胞是构成所有生物的微小构件。水果、蔬菜、树木和草都含有纤维素。纤维素有助于根、茎和叶的茁壮成长。

我们每天使用的许多产品中都含有纤维素，木材也是。木头被用来建造房屋和制造家具。我们用来做衣服的棉花主要成分是纤维素。纸几乎都是纤维素。

纤维素也可以与化学物质混合制成塑料。这些塑料用于制造许多产品，如行李箱和汽车方向盘。

有时在油漆中加入纤维素和其他化学物质可以使它变得更黏稠。

延伸阅读：细胞；木材。

纤维素被粉碎成碎屑。

纤维素溶解形成纺丝溶液。

纺丝溶液被泵压入喷丝头。

喷丝头

人造丝

纺丝溶液从喷丝头压出后凝固而成人造丝。

人造纤维是由木浆或棉花的纤维素制成的。纤维素被粉碎成碎屑，用二硫化碳处理后在碱浴中溶解，形成纺丝溶液。接下来，泵压液体通过喷丝器上的小孔注入到酸浴中，冷凝形成人造丝。

香草类植物

Herb

香草类植物是一种长得比较低矮的植物，在幼嫩时具有多汁的茎。一些香草类植物的茎干随着生长会变得坚硬和木质化。有些香草类植物仅在一个生长季生长，另一些则每年都会生成新的植株。

人们使用香草类植物的叶、茎、

辣薄荷是一种与薄荷近缘的香草类植物，用于食品和药品的添加剂。

圆苞车前是一种在法国、西班牙和印度种植的香草类植物。它的种子常被作为泻药。其中有一种可作为早餐谷物使用。

花、根和种子,可以鲜用或干燥以备后用,有一些可用于烹饪,以使食物味道更好。这些香草类植物包括香芹籽、薄荷、欧芹、迷迭香、藏红花、鼠尾草和香荚兰等。另一些香草类植物则用于制造香水和草药。

人们经常在花园里种植香草类植物。很多香草类植物也可以在室内种植。

香草类植物可以在花园或花盆里种植,有一些可以种植在室内的窗台上。

延伸阅读：香蜂花；罗勒；人参；辣根；薰衣草；薄荷；欧芹；欧洲油菜；迷迭香；藏红花；鼠尾草属植物；香荚兰。

罗勒　　　　鼠尾草　　　　琉璃苣　　　　薄荷

欧芹　　　　北葱　　　　百里香　　　　香薄荷

香蜂花

Balm

香蜂花是一种叶片带有柠檬味的多年生草本植物,也被称为"柠檬香"。香蜂花高约 90 ～ 122 厘米。叶卵圆形,被长柔毛,花冠乳白色。香蜂花性喜湿润土壤,原产于西亚阴暗潮湿的林地。如今,人们用香蜂花作调味料。叶片可制成香茶、香酒和食物调味品。

延伸阅读：香草类植物；草药。

香蜂花

香荚兰

Vanilla

香荚兰是一种攀缘的兰科植物，它能结出种荚。有些香荚兰的果荚可以生产有价值的调味品。这种调味品也被称为"香草"，可以给冰淇淋、糖果和其他食物进行调味。

香荚兰的藤蔓上长有小根，这些小根将植株附着在树上。香荚兰结出的果实长度在 13～25 厘米之间。果荚中含有油性的黑色果肉，果肉里有许多微小的黑色种子。果荚呈黄绿色时被采收，随后被干燥。烘干时，果荚变成深巧克力棕色，散发出让人熟悉的风味和香草的芳香味。香草是一种相对昂贵的调味品，食品科学家已经研制出成本较低的人造香草香精。

延伸阅读： 豆类；兰科植物。

香荚兰结出长长的、可以提供香草风味的果荚。

香蕉

Banana

香蕉是一种果身弯曲略呈浅弓形的水果。果皮光滑，成熟后为黄色。在果实成熟之前，果皮是绿色的。全世界的人都爱吃香蕉。在一些国家，红色果皮的香蕉也很受欢迎。香蕉生长在世界上大部分的炎热地区。

香蕉含有多种维生素和矿物质。人们通常直接生吃香蕉，也吃香蕉干或油炸香蕉。香蕉干可以磨成粉。香蕉还被添加到许多其他食物中作为调味料。

"香蕉树"看起来像一棵棕榈树，高 2.4～9 米。然而，它并不是一棵树，没有树干或树枝，属于大型草本植物。某些品种的香蕉叶子中有用的纤维可以用来制作袋子、篮子和垫子。热带地区的人们可能还会用这些叶子做屋顶。

延伸阅读： 果实。

果实向上弯曲丛生。

香料

Spice

　　香料是一种由植物制成的食物调味品，通常有强烈的味道和气味，可以使食物更加美味。肉桂、丁香、生姜、芥末和胡椒都是一些著名的香料。

　　香料来自植物的不同部位。例如，丁香来自花蕾，肉桂来自树皮，姜来自根部，芥末来自种子。

　　香料植物生长在世界上许多温暖的地区。此外，有许多人在自己的花园里种植香料。

　　香料没有什么食用价值，因为它们的食用量很小。但是一些香料可以帮助身体消化食物。在食物被冷藏或罐装之前，香料可以使容易变质的食物味道更好，保质期更长。化学家已经找出了许多构成香料味道和气味的化合物，其中一些化合物现在可以人工合成。

　　延伸阅读： 芜菁；姜；芥末；胡椒；藏红花；鼠尾草属植物。

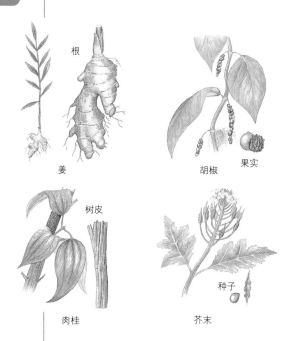

不同的香料来自不同植物的不同部位。

香柠檬

Bergamot

　　香柠檬是几种植物的总称。香柠檬橙是一种生长在意大利和法国南部的柑橘树。在世界的其他地方，它是良好的观赏树种。香柠檬的小花有宜人的气味。果实黄色，呈圆形或梨形。它以其香与味受到重视，气味芬芳的果皮可提炼出香柠檬油，这种油散发出一种令人愉悦的柑橘香味，所以也被用来制作香水。

　　一些北美的草本植物也被称为香柠檬。常见的品种包括野生香柠檬、紫色香柠檬和草原香柠檬。

　　野生的香柠檬是一种常见的园艺植物，被称为"香蜂草"，生长在加拿大南部和美国的大部分地区。

　　延伸阅读： 花；果实；香草类植物；乔木。

香柠檬的果实可提炼出香柠檬油，用来制作香水。

香蒲

Cattail

香蒲是生长在沼泽地、池塘或者其他一些湿地里的一种草本植物。香蒲在茎的末端会长出一个褐色的、像香肠一样的花穗。人们认为这个花穗很像猫的尾巴。香蒲的种类也很多,它们生长在世界上的大多数地方。

有些香蒲高可达 4 米左右,但是大多数的香蒲比较矮。褐色的花穗是由很多个小花组成的,它们可以生出很多个小的种子。

香蒲可以给那些野生动物提供栖息地和食物。人们也可以在很多方面利用这种植物。香蒲的根可以制成淀粉来食用,花粉可以被当做面粉来使用。香蒲的种子周围有丝一样的绒毛,它可以用来填充救生衣和床垫,香蒲的叶子可以被编织到垫子和椅座里。但是密集生长的香蒲会堵塞排水沟。

延伸阅读: 蒲草;湿地。

香蒲

向日葵

Sunflower

向日葵是一种高大的植物,开黄色而中心黑色的头状大型花序。世界上约有 60 多种向日葵,许多种向日葵总是在白天将花盘面向太阳。

最常见的向日葵可高达 3 米。它有一个或多个花序。每个花序有一个由许多小型管状花朵组成的暗色的花心。这些管状花被大片的黄色花瓣所包围。

向日葵种子很好吃。它们富含蛋白质。它的种子也被制作成葵花籽油,可用来生产人造黄油和烹饪用油。

向日葵原产于北美洲,于 16 世纪被带到了欧洲。现世界各地都有栽培。

延伸阅读: 花;油;种子。

向日葵

橡胶

Rubber

　　橡胶是一种重要的原料,成千上万的产品会用到它。例如,一辆汽车大约有 600 个橡胶部件,许多体育运动也都会用到橡胶球。橡胶用途广泛,因为它有弹性,这意味着它可以被拉伸或挤压,但仍能恢复到原来的形状,同时橡胶不透水和空气。由于这些原因,它是用来制作坐垫和防水潜水服的优良的原材料。橡胶是电的不良导体,这使得橡胶很适用于包覆电线。

　　天然橡胶来自橡胶树的汁液,被称为"乳胶"。工人们在树上挖洞收集乳胶。机器将液态乳胶制成一片片橡胶。大多数天然橡胶产自印度尼西亚、马来西亚和泰国。

　　由化学物质制成的橡胶叫作合成橡胶。今天人们使用的大部分橡胶都是合成的。

　　延伸阅读:　树胶;树汁;乔木。

乳白色的乳胶是通过在橡胶树的树皮上切割一个向下的凹槽来收集的。在这个切口的底部,有一个金属壶嘴卡在树上。乳胶从壶嘴流到杯子里。每棵树上收集大约一茶杯的乳胶,然后,乳胶被运至工厂从而制成橡胶。

橡树(栎树)

Oak

　　橡树是由橡子长成的树木或灌木,也是壳斗科植物的泛称,通常指栎属植物,非特指某一树种,而是有数百种,分布在亚洲、欧洲和北美洲的森林中。

　　有些橡树只能长成小灌木,有些则高达 30 米。橡树开黄绿色花。橡子小的会小于 13 毫米,大的能大于 50 毫米。许多橡树是秋色叶树种,进入秋季或经霜后,叶色会由绿色变成美丽的颜色,比如黄色和红色。大多数橡树能活 200 ~ 400 年。

　　延伸阅读:　灌木;乔木。

夏栎生长在北欧的森林中,它的橡子长在长柄上。

小麦

Wheat

小麦是一种重要的粮食作物。一般来说，小麦的颖果是人类的主食之一，人们把它磨成面粉后制成食物。这些食物有面包、饼干、意大利面和其他形式的通心粉。

做小麦粉时，麦粒被磨成细粉。全麦面粉是由整个麦粒制成的。白面粉是由麦粒内部柔软的白色部分制成的。白面粉不含全麦面粉中的维生素和矿物质。小麦是禾本科植物，种类很多。小麦幼苗是鲜绿色的，可以长到 0.6 ～ 1.5 米高，成熟后变成金棕色。每棵植物有 30 ～ 50 颗麦粒。

小麦是 11000 年前人类最早学会种植的植物之一。如今，小麦是一种在世界各地广泛种植的谷类作物，喜欢干燥和温和的气候。

延伸阅读： 谷物；农作物；粮食；禾草；种子。

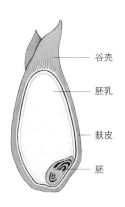

谷壳

胚乳

麸皮

胚

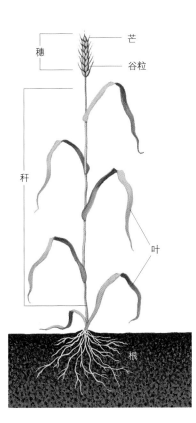

芒

穗

谷粒

秆

叶

根

小麦是一种高大的植物，它的种子长在茎顶端的穗里。穗有的有芒。每粒麦粒（右上图）都被包在一个壳里，由麸皮（种皮）、胚乳（白色，内部含有淀粉）和胚（长成新植物的部分）组成。

悬铃木

Sycamore

　　悬铃木是一种林荫树，高可达 53 米，树干直径可达 4 米。树干下部的树皮呈红褐色，树干上的树皮呈小块状脱落。这些小块状树皮脱落后便露出浅奶油色的内部树皮来。悬铃木的叶片很宽大并具有大的锯齿形。果实呈球形，每个球形果序由许多紧密聚在一起的小干果组成。

　　世界上有多种悬铃木。美国悬铃木在美国有大量的分布。

　　延伸阅读： 乔木。

24 ~ 37 米

叶　　　球果　　　树皮

悬铃木

雪松

Cedar

　　雪松是常青树中的一类，在世界上广泛分布，主要包括鳞叶状雪松和针叶状雪松两种类型。

　　鳞叶状雪松最常见的是美国扁柏，它的叶子很小而且像鱼鳞，叶子平展，贴着树枝。许多衣柜和壁橱里都挂着这种雪松的球果，因为球果散发的令人愉悦的气味可以驱虫。

　　针叶状雪松有一簇簇的像针一样的叶子。它们的球果笔直地长在树枝上。黎巴嫩雪松是最常见的一种。它的木材芳香迷人。中东文明早期，人们用它来建造宫殿、船舶、寺庙和墓穴。

　　延伸阅读： 常绿植物；乔木。

　　根据叶片的形状（鳞片状的和针叶状的）可以区分雪松的种类。鳞片状的种类包括美国扁柏（上图）；黎巴嫩雪松（下图）是针叶状的。

21 ~ 55 米

鳞状叶片　　　球果

24 ~ 43 米

针状叶片

球果　　　树皮

薰衣草

Lavender

薰衣草是一种花和叶都具芳香的小灌木,野生分布于地中海沿岸的国家,在世界其他很多地方也有商业和私人种植。

薰衣草丛高可达 90 ～ 120 厘米。它们有狭长的绿叶和淡紫色的花朵。这种紫色的色调也被称为薰衣草色。花沿着茎成簇生长,干燥后的花可以长时间保持怡人的香味。

薰衣草这个词 (*lavender*) 来自拉丁语,意为"洗涤",可能是因为古罗马人用薰衣草叶和花为他们的洗浴带来愉悦的香味而得名。人们曾常将薰衣草的干花与亚麻布和衣服存放在一起。如今,薰衣草香精被添加到很多的产品中。干花用于一种由干花瓣和香料组成的、叫作百花香的混合物中,从花中提取的精油被用于调制一些香水。

延伸阅读: 花。

薰衣草

芽

Bud

芽是尚未发育成长的叶子的雏体。叶子包围着植物的一个生长点，生长点的细胞通过分裂形成新的叶子，它们也形成花和茎。大多数木本植物的芽都被紧实的叶子所覆盖，从而保证了芽内水分。

许多木本植物的芽在冬天并不生长。新叶和花在春天形成，更多的新叶在生长季节后期形成，也就形成了来年更多的叶芽。

木本植物上的芽可能只是叶子或花朵，但也可能两者兼而有之。叶芽和花芽有不同的形状和大小，还未开放的花叫作"花蕾"。

延伸阅读： 鳞茎；花；叶。

1. 叶子在芽里形成。

2. 温暖和潮湿的气候导致芽鳞脱落，叶芽在春天开放。

4. 嫩芽生长几周后，嫩枝便长出许多嫩叶。

3. 幼叶展开。当它们变成深绿色时，它们开始制造能量。

亚马孙雨林

Amazon rain forest

亚马孙雨林是南美洲的热带雨林。热带雨林是地球上温暖地区典型的森林生态系统。热带雨林里，几乎每天都下雨。热带雨林中的树木一年四季都是常绿的。

亚马孙雨林是世界上最大的热带雨林。它占地约 520 万平方千米。它的面积是美国得克萨斯州的 7 倍多。

大约三分之二的亚马孙雨林在巴西。其余

亚马孙雨林覆盖了南美洲北部的大部分地区，大约三分之二位于巴西。热带雨林也延伸到周边其他几个国家。

亚马孙雨林是以流经它的亚马孙河命名的。森林中的植物种类比地球上任何其他地方都要多。

的则在其他 8 个国家。亚马孙河流经热带雨林。当然，雨林中也有其他河流。

　　亚马孙雨林中有许多不同种类的植物。那里生长着成千上万种不同种类的树木和其他植物。最高的树木超过 50 米，或者说有 14 层楼那么高。坚果、可可、橡胶和其他有用的产品都来自这些植物。

　　亚马孙雨林中也有许多动物。1000 多种鸟类在热带雨林中栖息。成千上万种鱼在热带雨林的河流中游动，还有数百万种昆虫生活在此。然而，人类乱砍滥伐和过度放牧也使亚马孙雨林面临危机。许多人致力于保护亚马孙雨林。

　　延伸阅读： 濒危物种；雨林。

色彩斑斓的箭毒蛙生活在亚马孙雨林中的许多地方。

松鼠猴（右图）是一种小猴子，原产于亚马孙热带雨林，那里是成千上万种动物的家园。亚马孙雨林的大部分地区都具季节性。

烟草

Tobacco

烟草是一种叶子用于制作香烟和雪茄的植物。其他的烟草产品包括烟斗用的烟丝和嚼烟。科学家已证明使用烟草制品可导致癌症、心脏病及其他疾病。许多国家对烟草制品征税，部分原因是为了阻止它们的使用。许多公共场所不允许吸烟。

烟草有大型的叶片。它们的株高约 1.2～1.8 米。烟草的茎秆被用来制造某些类型的肥料。

烟草是许多国家的重要作物。中国在烟草生产中保持领先地位。巴西、印度和美国也都是领先的烟草生产国，肯塔基州和北卡罗来纳州是美国最大的烟草生产地。

烟草被种植在大片的土地上。采摘后，烟叶要在特殊库房中烘烤（干燥），以改善烟草的风味和味道。然后，农民将烤好的烟叶卖给烟草公司。

美洲的原住民早在欧洲人到来以前就用烟斗吸烟了。克里斯托弗·哥伦布将第一批烟草种子带到了欧洲。那里的农民开始种植烟草作为药物使用。吸烟在 19 世纪 80 年代初开始变得流行。

延伸阅读： 农作物；肥料。

烟草长有宽大的叶片，开淡粉色的花。

芫荽

Coriander

芫荽是一种可作为食物调味料的草本植物。芫荽种子成熟时有一种令人愉悦的气味，晒干后尝起来很甜。种子被磨碎后用作咖喱、酱汁和利口酒的香料，它们也被用来制作糖果。芫荽籽油用于调味，也是一种药物。芫荽高可达约 90 厘米，开白色花，原产于地中海沿岸国家，如今在世界各地广泛分布。芫荽的叶子和茎也就是我们平时所说的香菜，它在拉丁美洲的烹饪中尤其重要。

延伸阅读： 香草类植物；种子。

芫荽的种子可用作食物调味品。茎和叶就是我们平时所说的香菜，可以调味。

燕麦

Oats

　　燕麦是一种重要的谷类作物，主要用于饲养牲畜。燕麦也是一种健康的食物，它的种子被用于饼干、燕麦片和早餐谷类食品制作中。燕麦富含蛋白质和淀粉，是维生素 B_1 的良好来源。

　　燕麦在凉爽、潮湿和土壤肥沃的地区生长良好，可以通过人工在田间播种，或用谷物播种机播种。播种机将种子撒下，然后覆盖土壤。燕麦是在植株变干变黄，种子变硬后收获的。主要的燕麦种植国包括澳大利亚、加拿大、芬兰、波兰、俄罗斯和美国。

　　延伸阅读：谷物；农作物；粮食。

燕麦

杨树

Poplar

　　杨树是一种乔木，它的种子细小，隐藏在蓬松的棉质柔毛中。风把它的种子吹到空中以作传播。杨树在北半球都有分布。湿润的地方更适合它们生长。世界上有很多种类的杨树，三种常见的杨树为：山杨、棉白杨和美洲黑杨。

　　杨树叶片带尖，叶缘有齿；花朵小而呈绿色，在早春叶片还没有长出时开花。花朵密集而下垂，称为柔荑花序，种子在其内生长。许多杨树生长很快，但寿命不长。

　　杨树的木材呈白色或浅棕色，用来制作盒子、板条箱和其他包装材料，也用于造纸。

　　延伸阅读：山杨；乔木。

24～30米

叶片

种子

树皮

美洲黑杨是一种分布在北美洲东部大部分地区的典型杨树。

洋蓟

Artichoke

洋蓟是一种有营养的蔬菜。人们吃洋蓟的花蕾。花蕾的中心称为"花心"。其中的一种球洋蓟起源于地中海地区。

洋蓟成株高0.9～1.5米,分布在1.5～1.8米的区域。春天,萌发新苗,长出莲座状基生叶丛,羽状裂叶,大而肥厚,密生茸毛,多分枝,其后发出强壮而分枝的花茎,枝端生肥嫩花蕾,颜色浅绿色至深绿色,可能还带有红色或紫色。花蕾需在完全成熟之前收获,否则就难以下咽了。

洋蓟喜欢无霜气候,在凉爽、多雾的夏天可以茁壮成长。洋蓟可以活超过15年,大多数在春季收获。

延伸阅读：农作物；蔬菜。

人们种植洋蓟获得花蕾。花瓣部分和被称为"花心"的中心部分都可以食用。

氧气

Oxygen

氧气存在于空气、土壤和水中,几乎所有的生物都需要氧气来维持生命。氧气与植物和动物细胞中的其他化学物质结合,产生细胞运转所需的能量。

大气层是环绕地球的一层空气。普通的氧气是大气的组成部分,约占空气体积的五分之一。空气中的氧无色无味。

大气中所有的氧气都是通过光合作用产生的。光合作用是植物自己制造食物的过程。在光合作用中,植物吸收水和二氧化碳,利用阳光中的能量把这些成分变成糖,并通过这个过程将氧气释放到空气中。

延伸阅读：仙人掌；沙漠；叶；茎。

植物释放出人和动物呼吸所需要的氧气。植物也利用人和动物呼吸排出的二氧化碳。

吸收渗透

需要的材料:

植物通过一种叫作渗透的过程吸收大部分水分。渗透是如何发生的? 你可以在这个实验中找到答案。你可以使用任何根茎类蔬菜,比如土豆或山药。

- 一把刀
- 一个大根蔬菜
- 一个勺子
- 一些糖
- 一杯冷水
- 一个有盖子的盆子

1. 请老师或其他成年人将蔬菜切出两大块或分成两半,然后将每块蔬菜掏空,使其深度达到 2.5 厘米。

2. 把一勺糖溶解在四勺冷水中,制成含糖液体。取一片掏空的蔬菜,用含糖液体填充至一半高度;再取另一片,用冷水填充至一半高度。

3. 把两片都放在一个盘子里。将冷水倒入盘中约 1 厘米深,上面盖好。

4. 一天之后再看这些切片。你看到它们的水位有什么不同吗?

实验结果:

　　含糖液体的水平面上升了。水通过渗透作用进入浓缩的含糖液体。

椰子

Coconut

椰子是一种又大又圆的水果，它结在椰子树上，在叶柄间簇生。椰子树生长在热带地区。

你所买到的椰子通常都有一个棕色的木质外壳。木质外壳外面还有两层外皮，通常在售卖之前要被剥掉。中间就是椰果了，通常果实为 20 ～ 30 厘米长，15 ～ 25 厘米宽，球形，里面都是椰子肉。白色的椰子肉甜甜的，要吃到它，必须把壳掰开。

许多人喜欢吃新鲜多汁的椰子肉。椰蓉也很好吃，许多食物会添加它来提高口感和风味，比如糖果。人们也喝椰子里面的汁水，这种果汁叫椰子汁，来自椰子肉本身。椰肉通常被压榨成椰奶，它也是许多菜肴的配料，在东南亚的食物中尤其常见。椰子壳则被用来做垫子、绳子和扫帚。

椰子树原产于东南亚和太平洋美拉尼西亚群岛，现在在世界许多地方生长。椰子的木材被用来建造房屋，树叶被用来制作帽子和篮子。

果实里有椰肉

椰子果实呈球形，里面有甜美的椰子肉。果实被坚硬的棕色表皮包裹。

野苹果树

Crab apple

野苹果树是一种产直径小于 5 厘米苹果的小乔木。品种很多，有许多被用作园林树种，在城市地区很流行。有些野苹果树是为了食用苹果而种植，小苹果也可用来做果冻。

大多数野苹果树不到 9 米高，春天开出白色到深粉色的花。果实呈红色或黄色，在秋天和初冬都能保持颜色鲜艳。

延伸阅读：苹果；乔木。

野苹果树果实小，主要是作为一种观赏植物种植，它在春天开出美丽的花朵。

叶

Leaf

　　叶是几乎所有植物用来制造食物的主要部分。一株植物上叶片的数量从几片到几千片不等。

　　大多数叶片的长度在 2.5 ～ 30 厘米之间，但有些植物拥有巨大的叶片，最大的叶片来自于酒椰，长可达 20 米。也有的植物叶片非常小，天门冬属植物的叶子就小到只能借助于放大镜才能看清。

　　叶片的形状多种多样。大多数叶片可以根据它们的基本形状被分为三组。阔叶是最常见的叶片类型，这些叶片宽而平。具有阔叶叶片的植物有枫树和橡树，豌豆和月季花。条形叶又瘦又长，通常长在草上。这类草包括草坪草以及大麦、玉米、燕麦、小麦和其他谷物。百合、洋葱和其他一些植物也有条形叶。针叶长在冷杉、松树、云杉和大多数其他结球果的乔灌木上。针叶类似于短而粗的缝衣针。其他一些结球果植物，包括柏木和侧柏等，具有鳞片状叶子。

　　叶子对人类也很重要。很多人都喜欢欣赏美丽的树叶以及听它们被风吹动时发出的沙沙声。叶子可用来食用或给食物进行调味，制作茶和其他饮料。有些药物也来自叶子。

　　人们用某些植物的叶来制作绳索。此外，叶子也有助于改善我们呼吸的空气。当叶子制作自身的食物时，会释放出氧气，而人和其他动物必须呼吸氧气才能生存。

　　叶子利用阳光中的能量、土壤中的水分和空气中的二氧化碳来制造养分。这个制造养分的过程称为"光合作用"。植物利用这些养分来生存、生长、开花并产生种子。它们把叶子制造的养分储存在果实、根、种子、茎，甚至叶子中。

　　有些叶子除了制作养分外还具有其他特殊的功能。仙人掌的刺可以阻止动物啃食。郁金香肥厚的鳞叶则在冬季将养分储存在地下。生长在干燥地区的植物通常有厚厚的叶子，用来储存水分。卷须是一种特殊的叶子，可以将攀缘植物固定在一定的位置。一些叶子吸引、制造陷阱捕捉和消化昆虫。

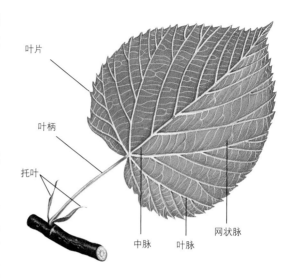

叶片

叶柄

托叶

中脉　　　叶脉　　　网状脉

阔叶片的背面

大多数叶子有两个主要部分：扁平的叶片和茎状的叶柄。许多植物的叶子还有第三个主要部分，称为"托叶"的两个小翼片。叶脉是在叶子里输送养分和水的管道。

单叶（棉白杨）　　羽状复叶（黑核桃）

掌状复叶
（白车轴草）

双复叶
（皂荚树）

羽状脉
（美洲鹅耳枥背面）

掌状脉
（糖槭的背面）

平行脉
（黑麦的上下两面）

中心脉
（北美乔松针叶横截面）

叶子可以是一片或多片。如果只有一片叶子，则称为"单叶"。如果具有一片以上的叶子，则称为"复叶"。复叶中的一片叶子称为"小叶"。它们可能排列成掌状或羽状。有些植物有二回复叶，这些叶片中每一个复叶可进一步分为更小的叶片。

叶脉的类型各不相同。阔叶植物通常为羽状或掌状脉。草为平行脉。针叶有一到两条中脉。

　　一片叶子的一生从芽开始。芽是茎上的生长部分。它们沿着茎的侧边和枝端形成。芽包含了一堆包裹紧密的小叶子，这些叶子展开后可以为植物制作食物。

　　叶子是绿色的，因为它含有一种叫作"叶绿素"的绿色物质。叶绿素赋予叶子制造养分的能力。叶子也有其他颜色，但它们被绿色遮盖了。随着冬季临近，许多树木都会落叶。树木落叶之前，叶片的绿色消失了。此时，叶子可能会显出其他颜色，如黄色或橙红色。一些即将凋落的叶子变成红色和紫

色。当叶子死亡时，它会干枯并掉到地上。在地上，凋落的叶片转变成为土壤的一部分，丰富土壤营养，并给新的植物提供生长所需养分。

延伸阅读：芽；叶绿素；光合作用。

大多数植物具有宽大扁平的叶片，如槭树的叶片（左图）。但小麦（中图）和其他草有长而窄的叶子。松树（右图）和大多数其他裸子植物则为针叶。

叶绿素

Chlorophyll

叶绿素是在植物中发现的绿色色素。人们在简单生物藻类和一些细菌中也发现了这种物质。

植物和其他生物利用叶绿素制造自己的食物。植物从空气中吸收二氧化碳气体，从土壤中吸取水分，叶绿素使植物利用阳光中的能量将这些成分加以组合。这个过程称为"光

叶绿素使植物变绿。

合作用"。光合作用产生的化学物质成为植物赖以生存的糖
类物质。在这个过程中氧气也被释放。

　　大多数植物没有光就不能产生叶绿素。这就是为什么
远离光的植物是黄色或白色而不是绿色的原因。

　　延伸阅读： 藻类；叶绿体；叶；光合作用。

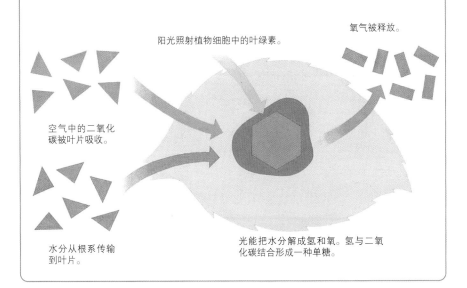

阳光照射植物细胞中的叶绿素。

氧气被释放。

空气中的二氧化碳被叶片吸收。

水分从根系传输到叶片。

光能把水分解成氢和氧。氢与二氧化碳结合形成一种单糖。

植物中一种叫作叶绿素的绿色物质从阳光中吸收能量。这些能量被用来将水和二氧化碳结合成糖类。氧是作为废弃物释放的。

叶绿体

Chloroplast

　　叶绿体是植物细胞中微小的工作部分。它是进行光合作用的细胞器，光合作用是绿色植物自己制造食物的过程。

　　叶绿体含有一种称为"叶绿素"的物质。叶绿素是一种绿色色素，它使植物的叶子看起来是绿色的。叶绿体利用阳光、二氧化碳和水为植物制造食物。大多数植物的叶绿体形似双凸透镜或平凸透镜。

　　叶绿体是植物细胞内最重要、最普遍的色素体之一。其他的色素体含有黄色、橙色或红色色素，使花和水果五颜六色。色素体也含油、蛋白质和淀粉。

　　延伸阅读： 细胞；叶绿素；光合作用。

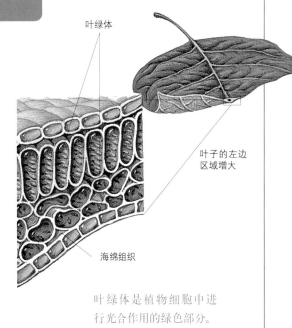

叶绿体

叶子的左边区域增大

海绵组织

叶绿体是植物细胞中进行光合作用的绿色部分。

一年生植物

Annual

一年生植物指在一年期间发芽、生长、开花然后死亡的植物，寿命不超过一年。从发芽到枯萎死亡的时间段称为"生命周期"。

矮牵牛、百日菊和许多其他的园林花卉都是一年生的。它们必须每年重新播种。许多蔬菜、杂草和野草也都是一年生的，豆类和瓜类都是一年生蔬菜。

其他种类的植物比一年生植物寿命更长。例如，二年生植物在两个生长季节内完成其生命周期。

其他可以生长数年的植物称为"多年生植物"。乔木、灌木和一些藤蔓都是多年生植物。

延伸阅读：二年生植物；花；多年生植物。

春

夏

秋

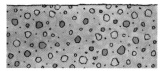

冬

牵牛花

矮牵牛

百日菊

许多流行的夏季花都是一年生的，
每年春天都要重新播种。

一品红

Poinsettia

一品红是一种受欢迎的室内植物，经常用作圣诞节装饰品。它的花黄色、微小，周围是大的彩色叶片。这些叶片很像花瓣，通常呈鲜红色，也有的一品红叶片为粉红色、白色或其他颜色。

一品红原产于墨西哥。野生的一品红可以高达 0.6 ～ 4.6 米。盆栽的一品红株高从 30 ～ 120 厘米。

一品红的英文名 Poinsettia 以 Joel R.Poinsett 的名字命名。Poinsett 是第一位美国驻墨西哥大使。他在 1825 年到了首都墨西哥城，回国时将一品红介绍到美国。

一品红的其他常见名称包括圣诞花、龙虾花和墨西哥火焰木。一品红空心的茎含有白色的、会刺激皮肤和眼睛的汁液。

延伸阅读： 花；叶。

一品红

一枝黄花

Goldenrod

一枝黄花是一种常见的野花，同类的植物有很多种。其中有两种最常见：旱花一枝黄花和芳香一枝黄花。一枝黄花可以在很多地方生长，如森林、路边和田野。开花时呈亮黄色或深金色。通常在夏末和秋季盛开。它们密密的花枝集中在细长茎秆的顶部。一些种类有光滑的叶子，而另一些种类的叶缘为锯齿状。

一枝黄花在美国是一种受欢迎的开花植物。它还是肯塔基州和内布拉斯加州的州花。有人用甜一枝黄花的叶子泡茶。

延伸阅读： 花。

一枝黄花

遗传

Heredity

　　遗传是某些特征从一代到下一代的传递，用遗传能够解释为什么后代长得像他们的父母。遗传还解释了为什么蒲公英的后代也是蒲公英而不会繁殖出橡树或蓝鸟。所有生物都是由细胞组成的，特征则由细胞中称为"基因"的那部分携带。基因是指导生物如何生长和发挥作用的化学指令。在植物中，一个基因可能带有根、茎、叶、花、果或其他生长特性的指令。

　　生物将它们的基因传递给后代。植物通常由有性生殖产生后代，有时也会通过无性繁殖。通过有性生殖产生的植物后代从父母本中各获得一半的基因。无性繁殖产生的植物后代从一个亲本那里获得所有的基因，它的基因是亲本基因的精确复制。

　　延伸阅读： 无性繁殖；细胞；基因；孟德尔；繁殖。

19 世纪中叶，奥地利植物学家和牧师孟德尔研究了豌豆的遗传特征。下图显示了孟德尔关于种子颜色实验的步骤。

孟德尔首先尝试了纯种豌豆植株：一株结黄色的种子，另一株结绿色的种子。他将两种豌豆进行了杂交，发现所有得到的杂种种子都是黄色的。他总结出黄色种子的颜色是显性(控制)特征。杂交而来的黄色种子长成的植株所产生的种子中，黄色和绿色的比例约为3:1。通过这个实验和另一个相似实验的遗传模式，孟德尔发现了第一个正确的遗传理论。

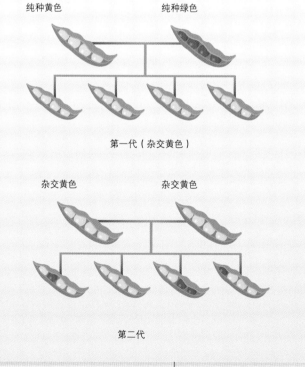

纯种黄色　　　　　　　　纯种绿色

第一代（杂交黄色）

杂交黄色　　　　　　　　杂交黄色

第二代

银莲花

Anemone

银莲花是一种花。世界上有很多种银莲花。许多野生银莲花在北方寒冷的冬季和炎热的夏季的林地和草原上生长，春季开花。

银莲花的名字来源于希腊语中的"风"，故也被称为"风花"，花瓣像被风吹开的样子。

最著名的银莲花是五叶银莲花。这种花十分精致，大约高15厘米，有纯白色花瓣状萼片。其他的银莲花植株更高，有粉红色、紫色和蓝色的花朵。

延伸阅读： 花。

在寒冬和炎夏，银莲花生长在北方的林地和草原上。

银杏

Ginkgo

银杏种子被橙色而臭烘烘的肉质种皮所包裹。银杏也被称为"鸭脚树"，是数百万年前常见的树中最后幸存下来的一个成员，在2.51亿～6500万年前的中生代，恐龙以银杏为食。银杏树能长到18～24米高。它们扇形的叶子簇生于短枝的末端。银杏像坚果一般的种子可食用，但多吃会中毒。

中国和日本的僧侣千百年前就在寺庙附近种植银杏。许多国家将银杏作为观赏植物进行栽培。有些人将银杏叶作为草药，他们认为银杏有助于增进多种药物的疗效。

延伸阅读： 种子；乔木。

银杏的种子不是果实也不是球果，有一股难闻的气味。

种子　　银杏　　叶

罂粟

Poppy

罂粟是拥有美丽花朵的几类植物的统称。世界上有很多种罂粟，常见的虞美人在欧洲有野生分布。许多品种的罂粟在花园里有栽植，雪莉罂粟是最常见的罂粟之一。冰岛罂粟在美国北方的大部分地区都有种植，它的花色有白色、橙色、黄色和红色。最艳丽的罂粟是鬼罂粟，它开出红色、橙色、白色或橙红色的折纸状的花朵，有一个黑紫色的花心。

最重要的一种罂粟是产鸦片的罂粟本种，它原生于亚洲，自古以来就被人工种植，开白色、粉红色、红色或紫色的花朵。

鬼罂粟是最艳丽的罂粟。

罂粟能产生具有麻醉作用的药物——鸦片。这种药来自它的蒴果，种子在其内生长。工人们在傍晚时划开蒴果，夜间从果实中渗出的乳液慢慢凝固。到第二天，工人们将它们收集起来。鸦片被干制成粉末，药商们用生鸦片制作出治疗严重疼痛的其他药物。一种叫作"海洛因"的毒品，也是由鸦片制成的。

延伸阅读： 花。

樱桃

Cherry

樱桃是生长在树上的又小又圆的水果。成熟的樱桃呈黄色、红色或接近黑色。这种小水果中间有硬核。樱桃可以生吃，也被用来放在馅饼和其他甜点中。

欧洲甜樱桃树高达 12 米，树干直径可能超过 30 厘米，适宜生长在气候温和的地区。欧洲酸樱桃树比欧洲甜樱桃树小，它们能抵御寒冷干燥的气候。

有些樱桃树因其迷人的花朵而备受人们喜爱，春天一到，花开宛如粉色仙境。

延伸阅读： 果实；乔木。

樱桃

鹰嘴豆

Chickpea

鹰嘴豆的种子大而美味，所以被广泛种植。它们也被称为"回鹘豆"，在世界上分布很广泛。

鹰嘴豆能长到 60 厘米高，并长出许多豆荚。每个豆荚里都有一到两粒鹰嘴豆，其颜色丰富，有白色、黄色、红色、棕色或接近黑色的颜色。干的鹰嘴豆通常是浅棕色或略带红色。

鹰嘴豆最常见的用途之一是制作鹰嘴豆泥，一种用作酱料、酱汁或蘸酱的奶油类食物，传统上是由熟鹰嘴豆、柠檬汁、橄榄油、大蒜和芝麻酱混合而成。鹰嘴豆也被做成一种叫"非拉菲"的油炸小蛋糕。在印度，厨师们用鹰嘴豆烹饪美味佳肴，包括一道叫"香汁莲子豆"的名菜。

延伸阅读：豆类；种子。

鹰嘴豆能在长豆荚里结出又大又好吃的种子。

油

Oil

油是憎水性物质。大多数油比水轻，所以浮在水面上。油有许多不同种类，主要来自植物、动物或矿物。在室温下，大多数油为液体，也有一些是固体的，比如猪油和乳脂。

许多植物油是用玉米、棉籽和大豆榨成的。橄榄油和棕榈油是从果肉中压榨出来的。

人造黄油和色拉油是由植物油制成的，其他由植物油制成的产品包括蜡烛、油漆和肥皂。乳脂、猪油和牛油是最重要的动物油。乳脂是黄油的主要成分，是用牛奶加工出来的一种固态油脂。其他动物油是通过加热动物脂肪制成的。

油可以增加香水、口香糖、牙膏和其他产品的味道或气味。柠檬、薄荷和香草等食物调味品，它们的味道其实来自油脂，这些油脂可以从植物的树皮、花、叶、根或嫩枝中提取。矿物来源的油称为"石油"或"原油"，它的化学成分不同于动植物油。

延伸阅读：玉米；棉花；果实；柠檬；薄荷；木樨榄；棕榈植物；种子；大豆；香荚兰；蔬菜。

橄榄油是一种植物油。

有毒植物

Poisonous plant

有毒植物是可以产生毒性物质的植物,这种毒性物质能伤害甚至杀死人类或其他动物。自然界中的有毒植物有数百种之多。

许多植物如果食用的话是有毒的。很多这样的植物看起来不好看、闻起来或吃起来味道也不好。这有助于警告动物不要吃它们。

一些常见的食用植物也具有有毒的部分。例如,马铃薯植物的叶子有毒,但人们可以安全地吃马铃薯。果实含有毒部分的包括杏子、樱桃和桃子。它们的果肉可以安全地食用,但每个果实中间的硬核含有有毒物质。

在确定一种植物是否安全之前,人们不应该吃或者咀嚼它们。如果人们认为自己已经吃了有毒的植物,要马上打电话给医生或去毒物控制中心。

并非所有植物都必须通过被食用来伤害人或动物。例如,毒漆藤会刺激皮肤。有些人更容易被这种植物所伤害。

延伸阅读: 毛地黄;铁杉;茄科;毒漆藤;太平洋毒漆;马铃薯;漆树。

蓖麻的种子含有蓖麻毒素,微小的剂量就可以杀死一个成年人。

颠茄的叶子和浆果毒性极强。药物阿托品就是由这种植物产生的毒素制成的。

榆树

Elm

榆树高大美丽，生长在北美洲、欧洲和亚洲的一些地区。榆树绿荫较浓，是城市绿化、庭荫树的重要树种，同时拥有良好的木材价值。榆木很坚硬，用途广泛，比如制作船和家具。

榆树种类较多，美洲榆树是北美洲最常见的榆树。一棵榆树能长到 30 米高，存活 150 年。许多美洲榆树都死于荷兰榆树病。这种病是由一种甲虫传播的真菌引起的，其他品种的榆树可以在荷兰榆树病中幸存，所以在美洲榆树死后，人们经常重新栽种这些品种的榆树。

24 ~ 30 米

花　　　　果实　　　　树干

美洲榆树有灰色的树皮和边缘呈锯齿状的椭圆形叶子。坚果状的果实拥有扁平的翅。

雨林

Rain forest

雨林是生长在炎热、湿润地区的，由高大树木组成的森林。大多数雨林分布在热带地区。非洲、亚洲、中美洲和南美洲都有大面积的雨林。在澳大利亚和太平洋一些岛屿上也分布着一些小面积的雨林。

热带雨林中植物的物种数量要比其他陆地上的任何地方都更为丰富。陆地上有一半以上的植物和动物物种生活在热带雨林中。

北美洲　　　　欧洲　　　亚洲

赤道　　　非洲

南美洲

大洋洲

　热带雨林

最大的热带雨林分布在中美洲和南美洲、非洲、亚洲的部分地区。较小的热带雨林存在于澳大利亚东北部海岸和一些附近的岛屿上。

　　热带雨林中最高的树木可达 50 米。树冠形成了一层高高在上的、茂密的林冠。较小的树形成两个层次，即亚林层和林下层。这些不同的冠层将地面遮蔽得严严实实。地面得到的阳光非常少，所以很少有灌木能够生长。人们可以穿行在热带雨林中的大部分地区中。河岸和林隙间有更多的阳光到达，这些地方的植物形成了浓密的、缠绕在一起的丛林。

　　大多数雨林都非常温暖。一些地方一年中超过 200 天有雷阵雨，所以林冠层下的空气也异常潮湿。树木也会通过叶片排出水分。这些叶片上的水占到了一些雨林降雨量的一半。

　　同一雨林的不同区域可能有着不同的植物和动物种类。例如，亚马孙雨林既有山脉，也有低地，在山区分布的树木不会分布到低地上。

　　热带雨林总是绿色的。大多数树木几乎全年都在落叶，同时也在长出新叶。但一些种类的树木在短时间内会落掉它所有的叶子。不同种类的树木在一年中的不同时间开花和结果。

　　在热带雨林中，附生植物生长在树干上。它们从空气和雨水中获取营养。另一类植物称为藤本植物，它们缠绕着树干和树枝，努力向着太阳生长。

　　雨林中还有一类绞杀植物。这些树一开始作为附生植物

热带雨林中有着非常丰富的植物类型，它们在温暖、湿润的环境中欣欣向荣。热带雨林中的树木通常终年常绿。

美国西北部的海岸雨林在比大多数雨林更凉爽的气候中郁郁葱葱，这里的降雨量非常大。

长在另一棵树上。它们的根不断向着地面生长，根部围绕着它所附生的树木。随着时间的推移，绞杀植物会通过切断被绞杀植物的光、空气和水，而逐渐杀死它。

在热带雨林中，植物本身就含有大部分的营养物质。只有少量的营养物质存在于薄薄的表土中，它们来自于死亡并腐烂的植物组织。所以大多数雨林植物的根都非常浅，并且靠近表土。一些树木在树干的基部剧烈生长，这些增长部位有助于树木在薄薄的土层中保持稳定。

雨林中的所有植物和动物都相互依赖。昆虫、鸟类和其他动物携带雨林植物的花粉到其他花朵，随后形成新的种子。当它们造访花朵时，动物也从中获取花蜜作为食物。雨林也是许多人的家园。有些种族在雨林里生活了几千年。他们过着狩猎、捕鱼和收集森林产品的传统生活。当森林被毁时，他们也失去了属于他们的家园。

人们砍伐雨林，为了开办农场和修筑建筑物而清理场地。开矿和采伐木材同样也在摧毁雨林。科学家们担心随着失去森林家园，成千上万种植物和动物正在消亡。很多人都在努力拯救雨林。

延伸阅读： 亚马孙雨林；生物群落；保护；森林砍伐；濒危物种；附生植物；森林；藤本植物；表土；乔木。

在马来西亚，人们在热带雨林中清理土地，这样的行为威胁着成千上万种植物和动物。人们在雨林中砍伐树木，为农场、家庭和企业腾出更多的空间。

玉米

Corn

玉米是世界上最重要的农作物之一。它也被称为"玉蜀黍"，与小麦、大米、燕麦和大麦是近亲。它富含脂肪、蛋白质和其他人类生存需要的营养元素。

玉米是用玉米粒播种的，大约需要9～11周的时间完成生长成型。玉米基部各节具气生支柱根，茎秆直立，叶片扁平宽大。玉米茎的顶端顶生雄性圆锥花序，一簇簇的小花形成了一个流苏。叶片基部圆形呈耳状，每个穗由一个长而圆的穗轴组成，穗轴上覆盖着一排排的玉米粒。雌花序被许多宽大的鞘状苞片所包藏。雌性和雄性小穗孪生，雌蕊具极长而细弱的线形花柱。

玉米用途广泛，人们经常食用玉米，在食用油、面粉、谷物、人造黄油和糖浆等食品中也使用玉米。农场动物和宠物的食物通常含有玉米。工业上，人们用玉米生产布料、药品、油漆和其他产品。玉米也被用来制造汽车和卡车的燃料。

美国种植的玉米比其他任何国家都多，中国的玉米产量位居世界第二。其他主要的玉米生产国包括阿根廷、巴西、法国、印度、印度尼西亚、墨西哥和乌克兰。

延伸阅读： 大麦；谷物；农作物；粮食；燕麦；稻；种子；小麦。

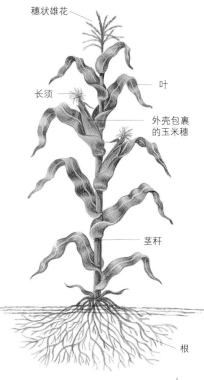

穗状雄花

叶

长须

外壳包裹
的玉米穗

茎秆

根

玉米由根、茎、叶、穗和穗状雄花组成。称为外壳的特殊叶片包裹着玉米穗儿，又长又细的长须延伸到外壳的尖端。

郁金香

Tulip

郁金香开钟形花朵，色彩缤纷。

郁金香是一种春季开花、色彩缤纷的园林花卉，它从鳞茎中长出。它的鳞茎由许多层生长在地下、厚厚的肉质鳞叶组成。郁金香的叶子、茎和花都直接从鳞茎中往上萌发。

郁金香通常开一朵硕大的钟形花朵。花色几乎可以是任何颜色。一些郁金香的花有两种颜色。一些郁金香的花有条纹，这是由于郁金香被病毒感染，并作用于花色而形成的，因此这种颜色不是植株的健康花色。

郁金香来源于欧洲南部和亚洲。世界各地的园丁都种植郁金香，它们的鳞茎在秋天种植。售卖郁金香球茎是荷兰的一个重要的产业。

延伸阅读： 鳞茎；花。

鸢尾

Iris

鸢尾是一种具有大型、不规则花朵的植物。它有三轮花被片。下部花被片突然增大并下弯，上部花被片弯曲成圆顶，第三轮花被片覆盖着花朵的中心。

鸢尾有各种颜色。花朵有 2.5～30 厘米大，植株有 15 厘米～2 米高。它们通常在气候比较温和的春季和初夏盛开。

鸢尾的叶子从称为根状茎的地下茎上长出。鸢尾的根茎有毒，食用后会引起胃部不适。一些干制的鸢尾根茎可用来制作香水和香粉。

延伸阅读：花；根状茎。

有髯鸢尾

园艺学

Horticulture

园艺学是一门关于种植果树、蔬菜、鲜花和观赏植物的科学。它是农业的一个分支，而农业是为了人类的利益栽培植物和饲养动物的科学。大多数园艺植物在温室、苗圃和果园种植栽培。

园艺学在社会文明的发展中发挥了至关重要的作用。园艺和农业支持了第一个永久性人类定居点，并在这个基础上产生了第一批城市。

如今，园艺业既是一个行业，也是一种爱好。园艺业生产了世界上大部分的水果和蔬菜。园艺爱好，比如园艺栽培和插花在世界各地推广。

园艺学家试图找到更新的、更好的方法来栽培健壮的植物。他们尝试找出

一位园艺学家正在实验室中检查幼苗的生长情况。他们试图找到更新、更好的方法来栽培健壮的植物。

最适合特定植物的营养配比和照明条件，还利用基因工程改良植物，这是一种改变生物体特征的技术。

园艺学家通常在叫作园艺实验站的实验研究中心开展他们的试验。

延伸阅读： 农业；植物学；农场和耕作；花。

园艺是最受欢迎的一种爱好。

原生生物

Protist

原生生物是一大类微小生物的组合，组成了动物的一个界。其他界包括了植物界和动物界。有些原生生物在很多方面像动物，而另一些则像植物。大多数原生生物太小，没有显微镜就看不到。但海藻和其他一些原生生物肉眼可见。

原生动物是原生生物的一种，它们只有一个细胞。很多原生动物必须以其他生物为食以提供能量。像动物一样，原生动物可以四处移动。变形虫是原生动物，它们通过伸展身体来移动到新的地域。其他原生动物使用称为"鞭毛"的微小毛发游动。

原生生物在显微镜下有漏斗状的外形。在每个漏斗的顶部是纤毛状的鞭毛，鞭毛不断划拨，将食物颗粒吸入原生生物的体内。

真藻是另一种类型的原生生物。藻类像植物一样利用阳光中的能量制作自己的食物。它们可以有一个细胞或多个细胞。海藻是多细胞藻类的一种。

在地球上的每个地方几乎都可以找到原生生物。许多原生生物漂浮在水域的表面，这些原生生物构成了浮游生物的很大一部分，浮游生物是随着洋流漂移的微小生物的组合。另一些原生生物生活在土壤中。还有一类原生生物作为寄生虫寄生在动物体内。寄生虫依靠另一种生物存活，这种生物称为"寄主"。

延伸阅读： 藻类；细胞；界；生命；寄生生物；浮游生物；植物。

圆柏

Juniper

圆柏是一种结芳香、浆果状球果的小型常绿植物。这些球果称为"杜松子"。圆柏有时也叫"雪松"或"北美圆柏",但是圆柏并不是真正的雪松。圆柏有很多种类,分布在世界的大部分地区。

圆柏的叶子在幼树上是针状和刺状的,随着树龄的增长逐渐长成鳞片状。它们紧紧地贴在树枝上。圆柏浆果的颜色从蓝色到红色都有。

某些圆柏球果的精油用于调制香水或作为调味品使用,特别是杜松子酒。北美圆柏有芳香、红色的木材,用于制作木箱、家具和铅笔。人们认为它的气味可以驱赶飞蛾。

延伸阅读: 浆果;雪松;常绿植物;乔木。

12 ~ 15 米

浆果状球果　　　鳞状叶　　　树皮

圆柏芳香、浆果状的球果,颜色从蓝色到红色都有。

约翰·雷

Ray, John

约翰·雷(John Ray, 1627—1705)是最早有组织有计划地进行动植物分类的科学家之一。从 1662 年到 1666 年,他和一个名叫威洛比的学生一起周游西欧。他们一起收集了动植物的样本,并试图对它们进行分类。雷和威洛比分工明确,前者对植物、后者对动物进行了分类。在威洛比死后,雷继续他的动物研究工作。

约翰·雷于 1627 年 11 月 29 日出生在英国埃塞克斯郡布莱克·诺特利,于 1705 年 1 月 17 日去世。

延伸阅读: 科学分类。

约翰·雷

约书亚树

Joshua tree

约书亚树（短叶丝兰）是一种具有坚硬、尖锐叶片的沙漠植物。它是丝兰属的一种，分布在北美洲西南部，在莫哈韦沙漠中很常见。据传，摩门教的先驱者为了纪念《圣经》中的一个人物而称这种树为约书亚树。

约书亚树可以长到 12 米高，叶片长可达 36 厘米。约书亚树为沙漠中生活的动物提供了食物和庇护所。

在南加利福尼亚的约书亚树国家公园里可以见到罕见的约书亚树。

延伸阅读：沙漠；乔木。

约书亚树

云杉

Spruce

云杉是一种常绿的针叶树。它们可以长得很高，而且大部分树形像金字塔。有些老树的最底层树枝下垂到几乎可以触及地面。

云杉的叶子看上去像蓝绿色的针。这些叶子呈四棱形，坚硬，长度通常不到2.5 厘米。叶片和枝条之间为木质、钉状的叶枕。云杉的球果笔直下垂。

有些云杉生长在北极圈内。另一些一直往南延伸，直到欧洲的比利牛斯山脉。而在北美洲，它们往南可以生长到北卡罗来纳州和亚利桑那州。

北美洲重要的云杉包括分布在北部和东部的白云杉、黑云杉和红云杉。西部的巨云杉、银云杉和蓝粉云杉也很重要。而欧洲最重要的云杉是欧洲云杉。

云杉的木材被广泛用于造纸工业中生产木浆。它的木材坚固、质轻、富有弹性。此外，它也被用来制作盒子，制作乐器中的发声板，还用于室内装饰。

延伸阅读：针叶树；常绿植物；乔木；木材。

50～60 米　　　针叶　　　球果　　　树皮

云杉

杂草

Weed

杂草是指生长在对人类生存和活动无益的地方的植物。杂草这个概念是相对的。牵牛花在农民的庄稼地里是野草，但在花园里则是可爱的花。杂草造成许多方面的问题。它们使植物得不到足够的阳光和水，还可能携带会伤害农作物的昆虫和疾病。杂草可以沿着公路、铁路和河流疯长，妨碍汽车、火车和船只。有些杂草对人和动物有毒，有些可能引起皮疹或花粉热。

清除杂草的方法有很多。人们可能会用草屑或木屑覆盖地面以防止杂草生长。农民可能用昆虫和小动物等生物手段除草；有些人则用化学方法除草；有些人只是简单地把杂草挖出来，进行人工除草。杂草有时候也很有用，在没有作物生长的地区，杂草可以帮助防止土壤流失。动物在杂草中安家，以它们的种子和叶子为生，有些甚至人类也可以食用，或用来制药。

延伸阅读： 牛蒡；车轴草；蒲公英；铁杉；除草剂；木贼；常春藤；荨麻；欧防风；毒漆藤；太平洋毒漆；有毒植物；豚草；蒺藜草；蓟。

杂草可用手拔除或用工具清除。人们也用化学品来控制杂草。

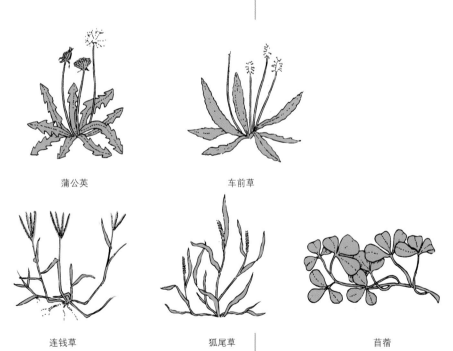

蒲公英

车前草

北美常见的草坪杂草

连钱草

狐尾草

苜蓿

杂交

Hybrid

杂交植物是由两个不同植物变种产生的后代。变种是一个物种里，在某些方面具有一定差异性的成员，但它们之间仍然可以繁殖后代。人们通过杂交，将不同变种的特征整合到杂交后代的身上。

例如，人们想要一种玉米，既能对某些害虫表现出抗虫性，又能在较冷的气候中正常生长。他们可以用分别具有其中一个特性的两种玉米进行杂交，使其后代同时具备这两种特征。

农民种植的大部分苜蓿、大麦、玉米、稻和小麦都是杂交种。已经通过杂交育种的蔬菜有西兰花、胡萝卜、花椰菜、洋葱、南瓜和番茄。杂交的水果有苹果、葡萄、梨和李。有些花卉也是杂交种，如金盏花、兰花和玫瑰。

杂交种一词也可以用来描述不同物种之间的后代。例如，骡子是驴和马的杂交后代。和大多数这样的杂交种一样，骡子几乎无法繁殖后代。

延伸阅读：农业；农作物；基因；遗传；物种。

大多数杂交玉米来自单交育种。在这个过程中，选定的玉米植株与通过变种的其他玉米杂交产生近交系种子。随后，两个近交变种再次杂交，形成单交种子。

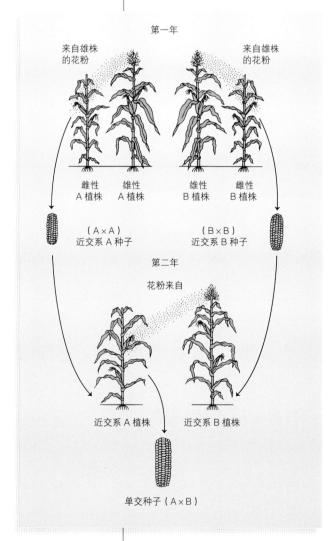

第一年

来自雄株的花粉　　　　　　　　来自雄株的花粉

雌性A植株　雄性A植株　　雄性B植株　雌性B植株

（A×A）近交系A种子　　　（B×B）近交系B种子

第二年

花粉来自

近交系A植株　　　近交系B植株

单交种子（A×B）

再生

Regeneration

再生是机体的一部分在损坏、脱落或被截除之后重新生成的过程，在植物中很常见。

如果一棵树或灌木在接近地面的地方被砍断，树桩上可能会长出新的部分，称为"新芽"。土豆可以切成许多块，每块都有一个芽眼。如果把它们埋在土里，每块都能长成一株新的马铃薯植株。

园丁经常用从花茎和其他植物上切下来的部分来培育新植物。把这些部分被放置在水中或潮湿的土壤中，它们通常会长出新的根，从而长成新的植物。

许多以杂草形式生长的植物可能很难被去除，因为它们可以通过再生来不断重新生长。例如，蒲公英生命力顽强，即使它只有根存活在土壤里，还会再生出新的茎和叶。

延伸阅读： 无性繁殖；芽；杂草。

藏红花

Saffron

藏红花是一种珍贵的香料，也可用作黄色染料。藏红花来自番红花的雌蕊部分，必须手工收集，大约 6 万朵红花只能产出 450 克藏红花。藏红花是一种珍贵的食品调味料，气味香甜，但尝起来很苦。它也被用来给食物和织物上色。

延伸阅读： 番红花；香料。

藏红花是一种珍贵的香料，它来自番红花的雌蕊部分。

藻类

Algae

藻类是一种利用光合作用产生能量的生物类群。藻类存在于海洋、湖泊、河流、池塘和潮湿的土壤中。

有些藻类只有通过显微镜才能看到。这些藻类仅仅由一个细胞组成，而细胞是生物中最小的单位。一些藻类很大，由许多细胞组成。一些藻类在水中漂浮，另一些则附着在石头或杂草上。大型藻通常被称为"海藻"。

藻类很重要。它可以净化空气和水质，释放出动物需要的氧气。藻类同时也是许多水生动物的食物。

大多数科学家根据颜色将藻类分为三大类群，分别是褐藻、绿藻和红藻。另一种有时被称为藻类的群体是蓝绿色的，但这种蓝绿色的藻实际上是一种细菌。

在许多海岸上都能看到褐藻，海带就是一种褐藻。

绿藻在淡水和咸水中都能生存。大多数种类的绿藻都太小了，没有显微镜是看不见它的。

红藻主要分布在温暖的海域，有时与珊瑚一起生长。人们还用某种红藻来做寿司卷。

延伸阅读： 叶绿素；海带；浮游生物；原生生物；海藻。

三种藻类，包括几种形态的海藻。

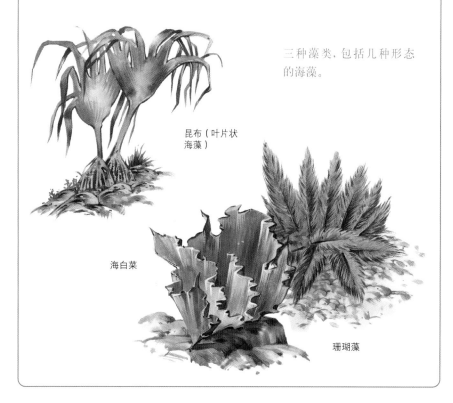

昆布（叶片状海藻）

海白菜

珊瑚藻

海带是一种褐藻

沼泽

Marsh

沼泽是树木和灌木通常不能生长的小块浅水湿地，通常大半年或全年被水淹没。淡水沼泽经常在湖泊、池塘、河流、溪流附近形成。蒲草、香蒲、木贼、芦苇等经常在沼泽中生长。许多动物也生活在沼泽中，包括蜻蜓、青蛙、麝鼠和乌龟。

淡水流入大海时形成盐沼，位置通常在河流入海口附近。盐沼的水位因潮汐的作用而每天都在变化。米草和狐米草通常在那里生长。

沼泽为许多生物提供了庇护所，特别是动物的幼体。沼泽还有助于过滤水和固定土壤，可以保护海岸线免受飓风的袭击。如今，许多沼泽已经被毁坏。人们将沼泽里的水排干以建造房屋或种植农作物。水的污染也破坏了沼泽。

延伸阅读： 蒲草；香蒲；木贼；湿地。

互花米草生长在北卡罗来纳州的盐沼中。

威斯康星州的霍利肯沼泽是美国最大的淡水香蒲沼泽。

针叶林（泰加林）

Taiga

　　针叶林是生长在地球北部区域的大面积森林，通常被称为北方森林。它覆盖了亚洲、欧洲和北美洲的广大地区。针叶林包括了地球上最后的未受干扰的一些森林。

　　针叶林是一个生物群落。这里的夏季相对较短、凉爽，冬季漫长而寒冷。常绿乔木是针叶林中最常见的植物，这里的大型动物包括熊、驼鹿、驯鹿和狼。

　　延伸阅读： 生物群落；常绿植物；森林。

针叶林由生长在北方地区的广袤的常绿森林组成。

针叶树

Conifer

　　针叶树是一种有球果种子的乔木或灌木。大多数生长在凉爽的地方，比如山上。它的种类很多种，包括雪松、冷杉、云杉、铁杉、落叶松、香脂冷杉、松树、红杉和巨杉。针叶树属于一种叫作"裸子植物"的种子植物。

　　大多数针叶树也被称为"常绿树"，因为它们一年四季都有绿叶。这使它们不同于橡树、榆树和枫树等每年秋天落叶的树木。这种树被称为"落叶树"。然而，有几种针叶树，如美洲落叶松和落羽杉，每年都会落叶。针叶树的树叶又长又细，它们被称为"针叶"。松柏上的球果形状和大小因树种而异，一些球果不到1.3厘米长，有些则有60厘米长。球果有雌性和雄性之分，可以通过外观以及树上的生长位置来区分。

　　针叶树是地球上最大、最古老的生物之一。例如，美国西

挪威云杉

一颗球果的生活史

1. 小雄球果成群生于树枝末端,这些球果产生大量的黄色花粉粒。

2. 幼小的雌球果在芽的末端直立地单个生长。起初它们是粉红色的,成熟后呈绿色并下垂。

3. 风把花粉粒从雄球果带到雌球果,在那里花粉粒被雌球果的鳞片夹住,然后受精形成种子。

4. 雌球果内的种子在一到两年内成熟。

5. 球果通常会打开鳞片进行种子传播。有些球果会通过四分五裂来释放种子。

6. 种子有小翅膀,很容易被风吹走。

7. 在干燥的天气里,球果的鳞片会裂开,种子会被吹走。下雨时,鳞片又合起来了。雨水会把种子冲到地上。

部的北美红杉是一种针叶树,有些树高超过110米。在美国西部也发现了一些狐尾松,它们已经有4600多年的历史了。

    针叶树用途广泛。例如,房屋和其他建筑使用的木材大部分来自松树。纸和硬纸板的原材料也来自针叶树。电线杆通常也是用细长的针叶树干做成的。

延伸阅读：雪松；苏铁；柏树；落叶树；常绿植物；冷杉；裸子植物；铁杉；圆柏；松树；红杉（巨杉）；灌木；云杉；乔木。

针叶树有很多种，包括香脂冷杉、雪松、冷杉、铁杉、落叶松、松树、红杉和云杉。

12~18 米　　　针叶　　　球果　　　树皮

香脂冷杉

12~15 米　　球果　　　针叶　　　树皮

北美圆柏

23~30 米　　　针叶　　　球果　　　树皮

北美乔松

真菌

Fungi

真菌是一种从周围环境中吸收营养物质的生物。真菌生长方式和植物一样，不能四处移动；营养摄取方式则和动物一样，它们不能自己制造食物，必须靠吃转化能量才能生存。但是真菌既不是动物也不是植物。相反，它们组成了一个主要的生物群体，称为"真核生物"。真菌有成千上万种，最常见的是蘑菇，其次是霉菌和酵母。有些真菌，如酵母，只有一个细胞，它们太小了，除非是一大群，否则没有显微镜就看不见。由很多细胞构成的真菌，如蘑菇，就可

许多真菌产生蘑菇以传播孢子，如伞菌。与许多蘑菇不同，伞菌是不能吃的。

霉菌（左图）是一种
植物致病菌。

以很容易看到。

　　真菌几乎生活在陆地上的任何地方，有些也生活在水里。真菌通常以死去的植物和动物腐烂的部分为食。也有一些真菌以活的植物和动物为食。它会分泌一种叫作"酶"的化学物质，通过将有机物分解成可以吸收利用的简单物质，以摄取维持生命活动所必需的营养。

　　蘑菇实际上是真菌的子实体，由成熟的孢子萌发成菌丝来繁殖。这些孢子通常从蘑菇的底部生长出来，每个孢子都能发育成新的真菌。地下还有白色丝状、到处蔓延的菌丝体，它们以土壤中的动植物为食。在一定温度与湿度的环境下，菌丝体取得足够的养料就开始形成子实体。

霉菌生长在腐烂的番茄和其他
植物残骸上。

　　真菌是自然界的重要组成部分，它通过分解动植物来肥沃土壤。人们用真菌制作各种各样的食物，许多奶酪中加入了菌类使其成熟可口。面包在烤前要添加酵母发酵，酵母也被用来制造含酒精饮料，如啤酒和葡萄酒。许多人喜欢吃某些特别品种的蘑菇。

　　一些霉菌能制造出重要的药物抗生素。青霉素是科学家发现的第一种抗生素，它是由一种保护真菌不受细菌侵害的霉菌制成的。医生用青霉素治疗被细菌感染的人。然而，有些真菌会引起问题，比如危害农作物和其他植物，或在动物和人身上引起疾病。霉菌也会破坏食物。房间一旦发霉，会使人容易生病，而且这些霉菌很难清除。

　　延伸阅读：霉菌；蘑菇；孢子；酵母。

锈菌是一种侵袭植物（包括小麦）
的真菌。

蒸腾

Transpiration

蒸腾是植物的叶子释放水分的现象。植物主要通过叶子表面上的气孔释放水分。

蒸腾帮助植物将水输送至其顶部。植物中所有流动的水连通成为长长的水流。当水从叶子中流失时，茎会从根部吸入更多的水。

植物释放的水量取决于根部所吸收水量的多少。蒸腾散失水分的多少也取决于环境条件，比如阳光、风和温度。植物在强烈阳光和高温的情况下会蒸腾散失更多的水分。

一株植物通过蒸腾作用会散失掉很多水分，例如，玉米在炎热的一天里会损失掉约 4 升的水。这大大增加了玉米种植带，如美国的伊利诺伊州、爱荷华州和其他中西部地区各州的空气湿度。

延伸阅读：叶；根。

水蒸气上升至大气层，并形成云朵。

植物的叶片将水分蒸腾进入大气层。

蒸腾是植物通过它们的根源摄入水分的结果。植物的生长需要利用水分。但多余的、植物不需要的水分则通过叶子上的小孔蒸腾掉。这些水以水蒸气的形式进入大气层并在那里被云朵收集。

植物的根部吸收水分，水分在植物体内上升。

活 动

植物和水循环

您可以通过这个实验观察蒸腾现象。

在蒸腾过程中,植物通过叶子表面上的小孔排出水分。蒸腾每天发生在数十亿的植物中,在地球的水循环中发挥着重要作用。水循环指的是水在一个区域内转移的方式,从生物到环境,然后又回到生物,如此反复。

1. 将蔬菜或叶子放入食品袋中。袋子的顶部用橡皮筋紧紧地密封。

2. 将食品袋子在窗台上放置一天。

3. 一天后再观察食品袋,你会观察到袋子里面有很多水滴。多长时间后袋子里会形成水滴呢?

需要的材料:

- 一些新鲜采摘的绿色蔬菜或叶子
- 一个干净的、中等大小的塑料食品袋
- 一根橡皮筋

发生了什么事情:

蔬菜或叶子有蒸腾作用。但因为植物已被采摘,它们不能从土壤中吸收更多的水分。因此,蒸腾作用很快就会停止。

芝麻

Sesame

芝麻是一种一年生的草本植物，它的种子含有珍贵的油脂。芝麻油与橄榄油相似，经常用于色拉酱和烹饪。芝麻种子可以直接食用或用来给饼干、面包、糖果和其他食物调味。

芝麻高约 60 厘米，它们有细长的叶子和粉红色或白色的小花。这种植物主要生长在热带地区，原产于非洲或印度，如今在世界范围内分布广泛。

延伸阅读： 香草类植物；油；种子。

芝麻这种植物有含有种子的蒴果。

植物

Plant

植物是几乎遍布世界每一个角落的生物。它们生长在山顶、海洋、沙漠和被冰雪覆盖的地区。科学家认为，世界上有超过 26 万种植物。有些很小，几乎看不到，另一些则比人高许多。红杉是地球上最高大的生物之一。有些红杉植株可高达 88 米以上，树干的直径比房子还宽。植物也是地球上最古老的生物。加利福尼亚一棵狐尾松的树龄甚至达 4000 ～ 5000 岁。

没有植物，人类和许多其他生命都不可能生存。植物给我们提供呼吸的空气并为我们提供许多有用的东西和材料，

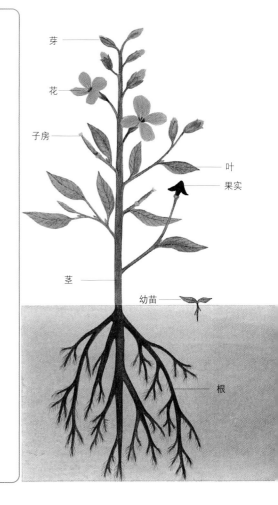

典型的开花植物有以下几个主要部分：根、茎、叶和花。芽可能会绽放出新的花。盛开后，花瓣调落，离开子房。种子在子房中发育。有一些植物发育成熟的果荚会将种子弹落到地面上。如果土壤条件允许，种子就会长成新植株，称为幼苗。

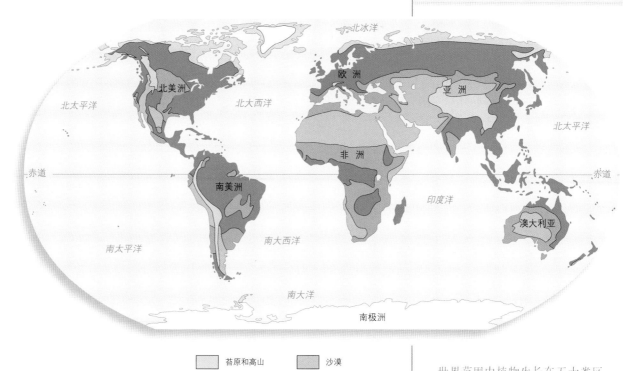

世界范围内植物生长在五大类区域。喜凉植物生长在苔原和高山上。森林中包括许多高大的树木和矮小的植物。草原主要由草和其他开花植物组成。沙漠中可以找到能够在干燥的条件下存活的植物，喜欢潮湿的植物通常生活在水域中。而在终年冰雪覆盖的地区没有植物生长。

但也有一些植物对人没有帮助。杂草扼杀了有用的作物。来自一些植物的花粉会引起健康上的问题，比如哮喘和花粉病等；一些植物，如毒漆藤和太平洋毒漆，会引起皮肤过敏。

大多数植物有四个主要部分，它们是根、茎、叶和花。绝大多数植物的根在地下生长，它们吸收植物生长所需要的水和矿物质。根系将植物固定在地上。有些植物也在其根部储存养分。茎有助于支撑植物的叶片和花朵。茎将叶片高举在空中，使它们可以获得更多的阳光。叶片制作植物生长和发育所需的大部分养分，而花是植物中种子生长的地方。

大多数植物从种子发芽开始其生命历程。种子吸入水分，随后膨胀，一直到打开为止，于是一株小小的幼苗形成了。幼苗的下半部分变成了根，根把幼苗固定在地面上。

所有的根都来自于主根。接下来，幼苗的上部开始向上生长。幼苗的顶端是产生第一片叶子的芽。大多数植物在它们的根尖和枝端生长。

当叶子展开后，大部分植物会通过一种称为"光合作用"的方式制造养分。在光合作用中，植物利用来自太阳的光照，

来自土壤的水和矿物质，以及来自空气中的
"二氧化碳"。进行这一过程时，植物会释放
出氧气。人和动物都需要氧气才能呼吸。

有些植物不能自己生产养分。它们依附于
其他植物并从这些植物中获取所需的营养。
另一些植物则依靠死亡的植物或动物才能生
存。

延伸阅读： 被子植物；一年生植物；二年
生植物；生物群落；植物学；芽；食虫植物；叶绿
素；针叶树；常绿植物；植物群；花；森林；果实；
发芽；裸子植物；叶；多年生植物；光合作用；有
毒植物；根；种子；灌木；香料；茎；乔木；蔬菜；
藤蔓；杂草。

红杉是地球上最
大的生物之一。

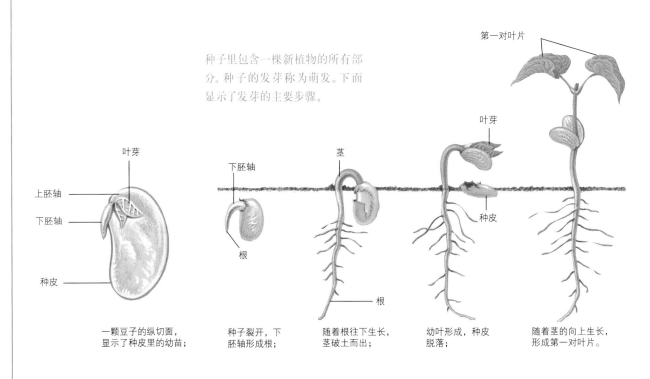

种子里包含一棵新植物的所有部
分。种子的发芽称为萌发。下面
显示了发芽的主要步骤。

第一对叶片

叶芽

种皮

叶芽

上胚轴

下胚轴

下胚轴

茎

种皮

根

根

种皮

一颗豆子的纵切面，
显示了种皮里的幼苗；

种子裂开，下
胚轴形成根；

随着根往下生长，
茎破土而出；

幼叶形成，种皮
脱落；

随着茎的向上生长，
形成第一对叶片。

活 动

植物的力量：扎根

- 4 颗干燥的菜豆
- 水纸巾或棉球
- 笔
- 纸

所有植物都需要水和阳光才能茁壮成长。这些东西对于植物来说有多重要？这里有两个实验，显示了植物在获得水和阳光时是多么努力。

1. 将四颗干燥的豆子在水中浸泡过夜。

2. 将玻璃瓶装满纸巾或棉球，并添加足够的水浸润它们。

3. 把豆子放在毛巾和玻璃罐之间，以便你可以看到它们。两颗豆子面向罐子顶部，一颗面向罐子底部，另一颗面向罐子的侧壁。

   几天后，豆子就会发芽并长出根以寻找水分。植物在发芽期间已经用完了大部分存放在豆子里的养分，现在它需要找到一种方法来合成更多养分。

4. 几天后，根往哪个方向生长了？为什么豆子朝着那个方向寻找水分？是因为那是在罐子里能找到水的地方？或者还有其他原因？记录下你的观察和思考。

5. 确保纸巾湿润，然后把盖子盖回罐子里。将罐子颠倒放置，再等更多日子。根又朝着哪个方向生长了？你怎么解释这个现象？

这是怎么回事：

向地性是植物的特定部位在某个方向顺应引力生长的趋势。根朝向重力源（地球）生长，茎则朝远离重力的方向生长。

实验

植物的力量：植物磨练

植物多么努力以获得光照？这个实验将提供一个答案。

1. 将荷包豆种子在一碗水中浸泡过夜。然后把它种在装满潮湿盆栽土的小盆里。

2. 切掉鞋盒较短的一端。将鞋盒立起来，使开口端在顶部。将花盆放在鞋盒的一端。

3. 切下两张纸板，使它们的尺寸与鞋盒末端的尺寸相同。

4. 在离每张纸板一端约 1.25 厘米处切一个边长约 5 厘米 ×5 厘米的方形"窗口"。将其中一张纸板贴在鞋盒的内侧，以在花盆上方做一个支架。使"窗口"位于盒子中远离花盆的另一侧。最后，把盖子盖回盒子并等待数天。写下或画下你认为将会发生的事情。

5. 豆子发芽后，检查茎的生长方向。你怎样解释这种生长？

6. 现在将另一张卡片粘贴在第一张卡片上方 2 英寸(5 厘米)左右的地方，这次使"窗口"在另一边。预测一下将会发生什么。数天后，茎干会朝着哪个方向生长？写下你的想法和结论。

需要的材料：

- 一颗荷包豆种子
- 一个碗
- 水
- 小陶罐或其他小容器
- 盆栽土
- 一个鞋盒
- 两块纸板或标牌
- 剪刀
- 胶带
- 笔和纸

这是怎么回事：

向光性是植物的某些部分响应光照而倾向某个方向生长的趋势。你的植物以 Z 字形弯曲生长，以获取从纸板中透过来的光线。

278

植物群

Flora

植物群是指某一地点或时间的植物生命，提起它，经常会关联动物群。动物群是指某一地点或时间的动物生命。如果科学家们说起南美洲雨林的植物群和动物群，指的是生活在那里的动植物。科学家们经常讨论地球历史上某一个时期的动物群和植物群。

延伸阅读：栖息地；植物。

佛罗里达大沼泽地的植物群包括许多发达的水生植物。

植物学

Botany

植物学是研究植物的，是研究所有生物的生物学分支出来的一个学科。研究植物的科学家称为"植物学家"。

植物学家研究植物生物学的所有内容，包括植物根、茎和叶的实验以及植物相似性和差异性的研究。他们试图确定哪些植物是近亲，也去了解植物生长所需要的物质。

此外，植物学家研究植物的生境。他们想知道为什么有些植物在炎热和阳光充足的地方生长得最好，

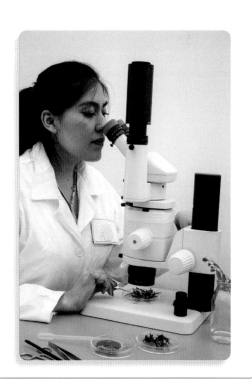

一名植物学家在用显微镜观察植物。

而其他植物则只适应阴凉的环境。植物学家同样研究植物如何与动物和其他生物在一个地方和谐共处。

一些植物学家研究如何更好地利用植物并试图发现新方法和新技术，比如寻找如何提高作物产量的方法以及能够制造药物的植物。

延伸阅读： 生物学；植物。

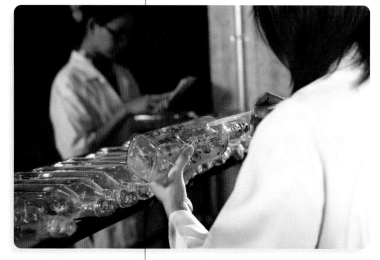

植物学家可以通过在实验室里种植植物来研究它们对水和其他资源的利用。

纸莎草

Papyrus

纸莎草是一种芦苇状的水生植物。古埃及的人们用它来制作一种类似纸的材料，他们还用纸莎草做垫子、凉鞋和小船的帆。纸莎草也生长在埃塞俄比亚、意大利南部、西西里岛和叙利亚。这种植物有细长的茎，长到 0.9～3 米高。每根茎的顶端可以生长100 朵花，这些花可能直径超过 30 厘米。

古埃及人准备莎草纸用来写字，他们把纸莎草铺在地上压碎，处理而成的莎草纸可以用墨水书写了。

纸莎草生长在非洲的尼罗河两岸。这种植物可以长到 3 米高。

种子

Seed

种子是植物中可以发育成新植物的部分。大多数的种子植物都是有花植物。这些植物包括大多数乔木、灌木和草本植物。针叶树（裸子植物）也能结种子。

种子的大小差别很大。有些种子质量不到 28 克，有的则重达 23 千克。种子有三个主要部分：胚、胚乳和种皮。胚发育成一种新植物；胚乳为新植物提供养分，直到它的叶子开始制造养分；种皮保护种子免受伤害，抵御害虫和减少水分流失。

当雄性生殖细胞精子与雌性生殖细胞卵子结合时，就形成了种子。在有花植物中，种子在花中形成。花朵长成果实，果实中包含着种子。一株植物产生的种子数量会随着种子的大小而变化。例如，椰子树只有几颗大种子，但兰花或苋菜能产生数百万颗微小的种子。

种子以多种方式传播。有些种子是由风或水携带的。果实里的种子可能要靠动物才能到达新的地方。鸟类或其他动物吃果实时，种子被吃进去，然后种子就和粪便一起排出。种子掉在哪里，植物就长在哪里。

许多种子是人类重要的食物来源，包括玉米、燕麦、水稻和小麦的种子。我们吃的其他种子包括豆类、豌豆和花生。

延伸阅读： 被子植物；花；果实；发芽。

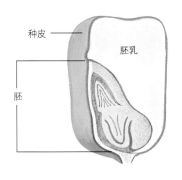

种子有三个部分：胚、胚乳和种皮。

在这棵发芽的豆苗中，胚的下半部分已经突破了种皮，并向下生长到土壤中。这部分发育成主根。发育中的根系固定幼苗，并吸收胚胎生长所需的矿物质和水分。

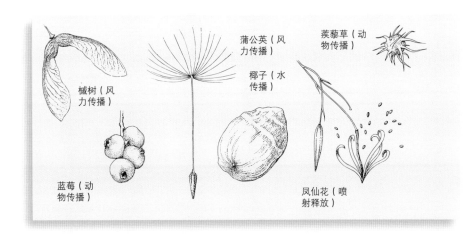

种子有各种各样的特征，如小翅膀或粘刺，这有助于它们传播到新的地区。种子可以通过风、水、动物或植物喷射释放来传播。

种子需要什么条件才能发芽？

只有在同时拥有水、适宜的温度和氧气且种子间距分布合适的情况下种子才会发芽。你可以通过做一个简单的实验来证明这一点。

需要的材料：

- 不干胶标签
- 标签笔
- 四个小罐子，盖子可以盖紧
- 八张纸巾
- 一个小匙
- 一包种子，如草、芥末或生菜种子
- 水
- 一些潮湿的钢丝棉
- 冰箱
- 纸或笔记本

1. 给罐子编号1、2、3和4。每个罐子里放两张纸巾。用勺子把种子撒到罐子1里。把盖子拧紧。

2. 在另外三个罐子里放一些水，使纸巾湿润，但不要浸湿。

3. 在湿纸巾上撒些种子。拧紧罐子2和3的盖子。把钢丝棉放入第4罐，拧紧盖子。

活 动

4. 把罐子 1、3、4 放在橱柜里。把罐子 2 放进冰箱。

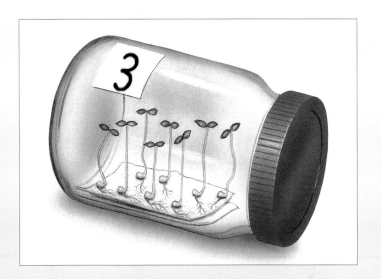

5. 每隔两三天看看你的罐子,记录下种子的情况。哪些正在发芽? 哪些没有发芽呢? 为什么? 是不是所有的罐子都得到了等量的水、热量和氧气? 大约一周后,将你的发现与下面描述的相对照。

发生了什么事情:

3 号罐子里的种子应该已经发芽并长成又高又细的幼苗了,因此 3 号罐子发芽环境良好。但是其他罐子里的种子都没有发芽,说明生长条件不符合。是什么原因使 3 号罐子适合种子生长?

罐子 3 里的种子有水、适宜的温度和氧气。罐子 1 有适宜的温度和氧气,但是没有水。罐子 2 有氧气和水,但没有适宜的温度。罐子 4 有水和适宜的温度,但是没有氧气。钢丝棉生锈时耗光了所有的氧气。如果你把钢丝棉拿出来,种子就能很快发芽。你注意到种子发芽不需要阳光吗? 一开始的时候,所有的种子都在黑暗中生长,因为每颗种子本身都有足够的能量支撑生长;但是当植物长得更大时,它需要阳光来帮助它制造更多的养分。

猪笼草

Pitcher plant

猪笼草是一类食虫植物，会捕食昆虫和其他小动物。它有长的、管状的叶子，形状像捕捉昆虫的水罐。叶子的颜色从明亮的黄绿色到紫色都有。

猪笼草叶子的顶部边缘形成水罐的盖子。叶子里的蜜汁吸引着昆虫。捕虫叶的口部长着厚厚的柔毛，这些柔毛向下生长。当一只昆虫爬进捕虫叶后，这些倒向生长的柔毛可以防止昆虫逃脱。昆虫滑入捕虫叶，随后淹死在叶片底部收集的雨水中。

猪笼草捕获昆虫不是用作食物。像大多数其他植物一样，猪笼草利用阳光生产食物，但捕食昆虫可以为猪笼草提供一种叫作氮的物质。氮是植物和其他生物生长所需要的化学物质，而猪笼草生长的土壤中氮的含量很少。

延伸阅读： 食虫植物。

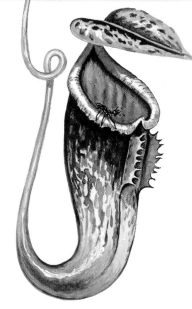

一只蚂蚁在猪笼草水罐状的叶子边缘爬行。它被植物里面蜜汁的甜味所吸引，很快就会爬到里面，并陷入困境。

竹子

Bamboo

竹子是高大的草本植物。它生长在世界的温暖地区，可以高如大树。有些竹子甚至长到 40 米高，茎粗可达 30 厘米。竹子的茎为木质，而且非常结实。竹子种类有几百种。

竹子用途很多。它可以用来做地板或造房子，还能用来制作家具、篮子、衣服和许多其他产品。竹子作为一种建筑材料变得越来越重要，因为它非常环保。砍伐竹子对生态系统的破坏很小，因为它生长更新得特别快。

竹子在东亚尤其常见。大熊猫吃竹笋、茎和叶，小熊猫只吃竹叶。嫩竹笋也被人们当作蔬菜食用。

延伸阅读： 生态学；禾草；木材。

竹子

转基因食品

Genetically modified food

转基因食品是指通过基因工程改造的生物所制成的食物。基因是细胞内的化学指令，它们很大程度上决定了生物的生长和功能。基因工程致力于改变基因。转基因食品通常被缩写成 GM 食品。通过制造转基因食品，科学家改变了作物的基因以引入新的特性，这些特性通常使农民、消费者或环境受益。例如，转基因作物可能对某些疾病具有更强的抵抗力。除了植物作物，科学家也可以改变牲畜的基因。例如，转基因牲畜可能长得更快。

人们现今食用的作物的基因，基本都是通过成千上万年人们的选育而逐渐改进而来的。选育是通过对某些特定植物或动物进行精心繁育，使其后代具有人们想要的特征。科学家们于 20 世纪 80 年代首次通过基因工程改变作物的基因。转基因食品首次大规模进入市场是在 20 世纪 90 年代中期。如今，一些转基因作物已很大程度上取代了传统作物。例如，在美国种植的玉米、棉花和大豆大部分都是经过基因改良的。

大多数科学组织发现转基因食品可以安全地种植和食用，但有些人担心食用转基因食品可能对人有害，他们认为转基因食品仍然相对较新，专家们并没有足够的证据来证明它们是安全的。

有些人还担心转基因作物进入环境后的长远影响。一些国家已经禁止种植转基因作物和销售转基因食品。在另一些国家，政府机构必须在转基因食品被允许销售前审查其安全性。几乎所有的转基因食品都已被证明是安全的。

通过基因改良的玉米新品种被种植在实验地里等待科学家的评估。在美国种植的玉米大多数都经过基因改良。

紫杉

Yew

紫杉是常绿乔木，它的叶子是又平又尖的针叶，叶子上面是深绿色，下面是浅绿色。紫杉种类很多，有些紫杉长得像灌木。

紫杉的树皮是红褐色的；种子是紫黑色的，外皮呈红色，种子看起来像小橄榄。紫杉的树皮、针叶和种子都有毒。有些种类的紫杉能活几百年。

紫杉是一种良好的木材，坚韧有弹性。木头的中心是橘红色的。人们经常用光滑的紫杉木做桌子。紫杉分布于世界各地。英国紫杉产于非洲、亚洲和欧洲。日本紫杉原产于亚洲，但通常在北美作为观赏灌木种植。

延伸阅读： 针叶树；常绿植物；乔木；木材。

美洲紫杉生长在北美洲。人们经常用它的树枝来作为圣诞节装饰。

紫藤

Wisteria

紫藤是一种生长茂盛的藤蔓植物，能开出大量下垂的花朵，颜色可能是浅蓝紫色、粉红色或白色。花束的长度在 30 ～ 60 厘米之间。叶子一组一组地生长，奇数羽状复叶，有 9 ～ 15 片"小叶"。

紫藤可以长到超过 11 米。它们通常被用来装扮外墙或拱门。紫藤在土壤深处生长良好，喜欢水分充足的环境。紫藤的果荚和种子含有毒素，如果食用会导致严重的胃病。紫藤有几种，主要分布在亚洲和北美的部分地区。

延伸阅读： 花；藤蔓；有毒植物；杂草。

紫藤是一种生长茂盛的藤蔓植物，能结出一簇簇下垂的花朵。

自然平衡

Balance of nature

　　自然平衡指的是自然生态系统中生物与环境之间、生物与生物之间相互作用而建立起来的动态平衡联系。地球上大多数地方都是动植物和其他生物的家园，这些生物彼此依赖生存，也就是科学家们所称的"生命之网"。如果其中某一成分过于剧烈地发生改变，都可能引起一系列的连锁反应，使生态平衡遭到破坏。生态平衡是生物维持正常生长发育、生殖繁衍的根本条件，也是人类生存的基本条件。

　　一个生态系统是指一个地区的生物环境和物理环境。生物环境是由该地区的所有生物组成的，物理环境包括空气、土壤、水和气候。所有这些生物和物理因素都是在一个生态系统中相互联系的。例如，兔子呼吸需要空气，口渴需要喝水。他们把植物当作食物来源以及庇护所。另一方面，兔子又被狐狸和其他捕食者（食肉动物）吃掉。

　　试想一下，一个有草、兔子和狐狸的地方，在一年内，良

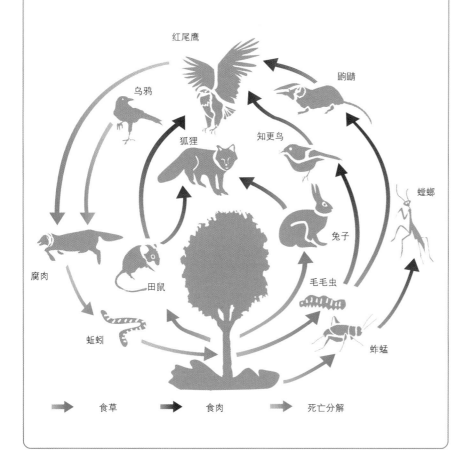

在复杂的关系网中，生物彼此依赖获得食物。食物能量的转移（箭头所示）使许多不同种类的动物互相联系。有些动物以植物为食，有些则是肉食者，还有一些动植物皆食。生态环境中任何一个生物的变化都会影响到关系网中的其他部分。生物之间相互依赖的复杂方式称为"自然平衡"。

当动物以猎物为食时，它有助于保持自然的平衡。如果没有狐狸，兔子就会过剩从而危及植物。

好的生长条件使草长得很好，于是兔子有了更多的食物，而充足的食物让它们有更多的兔子宝宝，这样狐狸也有了更多的食物。

随着时间的推移，一个地区的兔子过剩后，导致草的数量下降，兔子的食物就供不应求了。但是兔子数量的增加又意味着狐狸可以美餐一顿。结果，狐狸的数量也增加了。更多的狐狸吃了更多的兔子，很快，兔子所剩无几。这个例子说明了"生命之网"中生物是如何互相改变制约的。兔子数量的增加被狐狸数量的增加平衡后，兔子的数量下降。于是，狐狸数量的减少也随之而来。因此，自然平衡倾向于阻止任何一种生物的数量变得过多。

自然平衡会被人类的活动所打破。比如，美国人一度杀死了几乎所有的狼。这些狼喜欢吃鹿，自从狼消失后，鹿的数量就大大增加了，一些地区的植物也被过度啃食。因此，生命之网失去了平衡。

延伸阅读： 保护；生态学；濒危物种；食物链；食物网。

自然选择

Natural selection

　　自然选择是随着时间的推移，某些特质（特征）在生物中变得更加普遍的过程。每个生物出生时都有不同的特质，某些特质使这个生物更有可能生存下来并拥有后代，而没有这些特质的个体生存下来和拥有后代的可能性较小。随着时间的推移，这些特质在一个物种的成员之间就变得更加普遍。自然选择有时被描述为适者生存。

　　自然选择是进化论的重要组成部分。以树木争夺阳光为例。树利用阳光中的能量制造食物。长得更高的树可以阻挡阳光照射到较矮的树。因此，更高的树能够合成更多的食物并产生更多的种子，它们更有可能生存并拥有后代；而它们的后代更有可能长高，像它们的父母一样。随着时间的推移，高的树木比矮的树木更常见。通过这种方式，自然选择可以使树木往长得更高的方向进化。

　　如果植物所处的环境发生变化，不同的特征有可能更利于生存，这个植物物种的整体特征可能会随之而改变。通过这种方式，物种改变以适应周围的环境。如果一个物种的成员生活在不同的环境中，它们可能会进化得不同。自然选择会将适应于个体所处环境的不同特质筛选出来。最终，不同的环境促使生物个体之间形成很大的不同，以致最终成为两个独立的物种。

　　达尔文是首先阐述自然选择理论的英国科学家。自然选择是他提出的进化论的核心内容。

自然选择是基于相近生物个体之间的差异。达尔文1835年考察加拉帕格斯群岛期间注意到岛上各种各样的鸟，它们的喙的形状和尺寸因为所食用的食物不同而不同。达尔文认为这里所有的鸟都是从几种鸟进化而来的。当这些鸟来到新的环境中，自然选择使它们为了新的食物而逐渐进化。

　　延伸阅读： 达尔文；环境；进化论；物种。

棕榈植物

Palm

棕榈植物主要生长在温暖潮湿的地方。大多数棕榈植物的树干为圆柱形，叶子呈扇状或羽毛状，树叶长在树干的顶部。

棕榈一般为乔木，也有少数为灌木或藤蔓植物，品种有数百种。主要生长在东南亚、太平洋岛屿和热带的南北美洲。棕榈植物用途广泛。有些棕榈植物的果实可以吃，包括椰枣和椰子。人们用水果做食物和油，用汁液做饮料。他们还用木材和棕榈叶建造房屋，用棕榈纤维做绳子。人们把棕榈叶编成垫子、帽子和篮子。

延伸阅读： 椰子；果实；灌木；乔木；藤蔓。

皇家棕榈树有一个笔直的树干，看起来像一根高高的混凝土柱子。它也有一簇簇黑色的小果实。和大多数棕榈植物一样，皇家棕榈树有巨大的叶子，没有分枝。

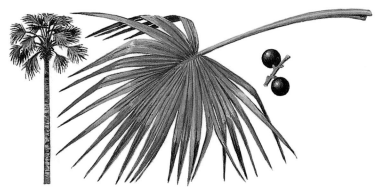

美洲蒲葵是一种有着扇形叶子的棕榈植物。树叶有时被用来做篮子、垫子和茅草屋顶。它们原产于佛罗里达州和加勒比群岛。

图书在版编目（CIP）数据

植物／美国世界图书公司编；张哲译. —上海：
上海辞书出版社，2021
（发现科学百科全书）
ISBN 978-7-5326-5501-4

Ⅰ.①植… Ⅱ.①美… ②张… Ⅲ.①植物—少儿读
物 Ⅳ.①Q94-49

中国版本图书馆CIP数据核字（2020）第038521号

FAXIAN KEXUE BAIKEQUANSHU ZHIWU

发现科学百科全书 植物

美国世界图书公司 编 张 哲 译

责任编辑	李 黎
装帧设计	姜 明 杨钟玮
责任印刷	曹洪玲

出版发行	上海世纪出版集团 上海辞书出版社（www.cishu.com.cn）
地 址	上海市陕西北路457号（邮政编码 200040）
印 刷	上海丽佳制版印刷有限公司
开 本	889×1194 毫米 1/16
印 张	18.75
字 数	430 000
版 次	2021年7月第1版 2021年7月第1次印刷
书 号	ISBN 978-7-5326-5501-4/Q·21
定 价	148.00元

本书如有质量问题，请与承印厂联系。电话:021-64855582